不僅是音樂和藝術之都，更以美食打造歐陸輝煌版圖！

維也納糕點百科圖鑑

終極版！收錄從傳統至現代，值得收藏的80種糕點及咖啡文化

小菅陽子
Yoko Kosuge

Rezepte und Anekdoten aus der Zeit der Habsburgermonarchie

© 維也納政府觀光局 / Harald Eisenberger

Introduction
序言

製作維也納糕點可能有些繁瑣，在如今注重效率的時代可能會被忽略，但長久以來受人喜愛的原因，正是其中深厚的美味。

在我剛開始學做糕點的時候，無法像現在這樣透過網路瞭解全球各地的糕點食譜，所以親身前往學習是最標準也是唯一的途徑。

我曾在洋菓子研究的先驅－今田美奈子老師的助手身份下，前往德國、瑞士和法國嘗試糕點製作。那個時候，我被奧地利的糕點深深吸引，特別是被「Sachertorte薩赫蛋糕」的美味所折服。

「我想在當地學習製作薩赫蛋糕！」這個夢想誕生了。

當全日本洋菓子工業會主辦的培訓旅行，確定在奧地利聖波爾坦(St. Pölten)的WIFI職業培訓學校(通稱WIFI)進行時，我迅速預訂了與該行程相符的公寓，並且打算之後繼續在維也納逗留。當時，我向剛回國的橫溝春雄先生(維也納糕點工房Lilienberg主廚)請教當地的資訊，不斷地激發我對這個夢想(妄想)的想望。

在維也納的糕點學校學到的東西讓我驚訝不已，因為我只知道一些些日本的糕點，而維也納糕點的種類和數量之多讓我大吃一驚。這也是可以理解的，因為傳播維也納糕點的哈布斯堡王朝，曾經統治歐洲長達640年之久。

畢業的那一天，科恩赫爾教授在教科書上留下「Keep on smiling and the world smiles with you保持微笑，世界將與你同樂」的文字，並說：「用糕點製造笑容」。這樣的教誨至今讓我難以忘懷，再次感謝教授溫暖的指導。

之後，我在不同的國家學習製作糕點，但維也納這個城市、糕點和咖啡館仍然是我的最愛。

我的教室名稱是「コンベルサッシオン Conversation」(法語意為對話)。我選擇這個名字，希望圍繞著剛剛烤好的糕點，能持續愉快的對話，至今已超過35年。我在維也納學校學到的食譜一直沒有改變，但對一些配方進行了調整，比如減糖，或將24公分的蛋糕縮小為18公分，以符合日本人的需求。這本書中的糕點也是如此。

希望拿到這本書的各位，能感受到維也納糕點的魅力，同時也希望它能成為一個「愉快對話的種子」，對我來說這將是一件非常開心的事。

2022年9月　小菅陽子

Rezepte und Anekdoten aus der Zeit der Habsburgermonarchie

維也納糕點百科圖鑑

contents

Part

1 Kuchen, Torten und Schnitten

維也納糕點百科圖鑑

Part

2 Desserts

溫熱的甜點，冰涼的甜點

Part

3

Fermentierte Süßigkeiten

發酵糕點

Part

4

Teegebäck und Weihnachtsplätzchen

茶點與聖誕餅乾

維也納聖誕糕點

Column 專欄

關於本書

在食譜中出現的德文

Masse、**Teig**：麵糊、麵團的種類。

Masse是以打發的方式製作的麵糊，而Teig則是用揉和的方式製作的麵團。基本的麵糊、麵團製作方法請參考P210。

Füllung：充滿、填充的內餡。維也納糕點常在內部擠入或夾入滿滿的餡料，因此內餡相當重要。

有關使用的材料

- 麵粉：如果沒有特別指定，建議使用低筋麵粉。擀麵皮時則使用高筋麵粉做為手粉。

  編註：歐洲、包括奧地利的麵粉，以蛋白質含量區分，用Type後加數字來標示，數字越小的麵粉顏色越淺，像是：Type 480類似低筋麵粉；數字越大的則顏色越深，例如：Type 960就是黑麥麵粉。本書作者已將配方轉換為日本可購得的麵粉類型來標示。
- 奶油：使用無鹽奶油，並在室溫下回溫後使用。
- 雞蛋：使用M號（約50克）的雞蛋，並在室溫下回溫後使用。
- 砂糖：使用細砂糖或砂糖。裝飾時也可以使用糖粉。
- 牛奶：使用標明為「100%牛奶」，而非「加工乳」或「乳飲料」的產品。
- 鮮奶油：使用純動物性的鮮奶油。若用於裝飾或點綴，脂肪含量應為45%以上。冰涼糕點的情況下，脂肪含量也可在45%以下。
- 巧克力：使用可可含量高的烘焙巧克力，如「覆淋couverture巧克力」。若需融化，則使用隔水加熱法，完全融化的溫度為45~50℃。
- 檸檬皮：只使用表層黃色的外皮磨碎（最好使用有機種植的檸檬）。

製作時的注意事項

- 必須先將麵粉、玉米澱粉等粉類過篩再使用。若混合使用多種粉類，應先混合再過篩。
- 烤箱應提前預熱至設定溫度。
- 烘烤時間和發酵時間僅為參考，應根據實際情況進行調整。

Part

1

Kuchen, Torten und Schnitten

圓形、方形蛋糕

維也納糕點的代表
傳統的烘烤點心與著名的蛋糕

在維也納的糕點文化中，「Kuchen」是總稱，指的是蛋糕。而進一步地，用圓形烘焙模具製作的被稱爲「Torte」，方形蛋糕則被稱爲「Schnitten」。順帶一提，「Schnitten」是德語「schneiden＝切塊）」的衍生詞，意指切成小塊的糕點。以下將介紹一些典型的傳統烘烤糕點，展現維也納蛋糕的特色。

多博什蛋糕
Dobostorte

伊莉莎白皇后喜愛的華麗糕點

由匈牙利糕點師約瑟夫·多博什於1885年創作的蛋糕，獲得伊莉莎白皇后高度評價，並由皇帝授予金十字功績獎，擁有輝煌的歷史。除了美麗的外觀之外，巧克力奶油霜也是一項新的發明，當時不僅在匈牙利，在整個歐洲都廣受歡迎。據說在布達佩斯的一家名爲Gerbeaud的咖啡館，伊莉莎白皇后也經常光顧，爲了使「多博什蛋糕」更加美味，經過多次努力，其配方一直保密至1995年。

多博什蛋糕由6片多博什麵糊烘焙而成，每層之間夾有巧克力奶油霜。最後一層蛋糕鋪滿焦糖，然後在完全凝固前用刀切開，以獨特的方式擺放在最上層，形成一款獨特風格的糕點。在我學習糕點製作的學校裡，我們被告知可以直接拿著吃脆脆的焦糖層，但在維也納的咖啡館裡，擺放了刀叉，記憶中反而增加了食用的難度。

很想知道正在節食並非常關注腰圍的伊莉莎白皇后，是如何享用這款高熱量的蛋糕。她肯定以一種優雅而美麗的方式品味著這款美味。

在層層巧克力奶油霜和海綿蛋糕之上，裝飾著抹有焦糖的海綿蛋糕。

多博什蛋糕（直徑20cm圓形、1個）

材料

多博斯麵糊
- 雞蛋……4顆
- 砂糖……120g
- 低筋麵粉……120g
- 奶油……40g

巧克力奶油霜
- 甜巧克力……80g
- 奶油……130g
- 砂糖……20g
- 雞蛋……1顆
- 蘭姆酒……1大匙

焦糖
- 細砂糖……100g
- 水……50g
- 奶油……20g

製作方法

多博斯麵糊
1. 將雞蛋加入砂糖中，隔水加熱打發至泡沫狀，離火後繼續打發至冷卻。
2. 在1中篩入麵粉，輕輕拌勻。
3. 加入融化的奶油。
4. 在烘焙紙上畫一個直徑20公分的圓，上方再鋪一張烘焙紙，將麵糊擠出共形成6個圓。
5. 在預熱至180°C的烤箱中烘烤10分鐘。

巧克力奶油霜（→P215）　**焦糖**（→P215）

組合
1. 當蛋糕片烤好後，使用直徑20公分的圓形壓模壓切，每一層之間夾入巧克力奶油霜後層疊，外層全部塗抹上巧克力奶油霜。
2. 在最後一片表面塗抹焦糖，完全冷卻凝固前切成10等分三角形。
3. 在頂層蛋糕上用星形花嘴擠上巧克力奶油霜，將塗有焦糖的蛋糕片斜放。

林茨塔

Linzer Torte

跨越國境極受喜愛，世界最古老的點心

這款被賦予「林茨」之名的烘焙點心，發源地是林茨地區，被譽爲世界上最古老的點心。最初是一種盤皿狀的塔和海綿蛋糕相結合的糕點，早在1653年的文獻中就已經出現。

林茨的上奧地利州鄉土博物館擁有一個專門展示林茨塔的空間，圖書館中收藏著從十七世紀到二十世紀各種多彩的林茨塔食譜。

1719年撰寫的《薩爾斯堡料理書》中記載了各種不同的製作方法，包括硬麵團和軟麵團，也介紹將整顆紅色莓果鋪入塔狀的麵團內，或是使用覆盆子、紅醋栗果醬的方式。

爲了讓麵團和果醬不會混在一起，這種糕點在烘烤時會夾入一層糯米紙。在維也納的料理學校中，他們使用和塔相同尺寸，卵磷脂製的紙片，而在我的教室中，我們則使用藥局可以購得的小型糯米紙。雖然有些世代可能對糯米紙不太熟悉，但使用在這個食譜中最適合。

林茨塔（22cm圓形）

材料

奶油……140g
糖……140g
［雞蛋……2顆
 蛋黃……1顆
杏仁粉……140g
低筋麵粉……140g
覆盆子果醬……160~200g
糯米紙……數張

製作方法

1. 奶油打成軟膏狀，加入糖攪拌至變白。慢慢加入雞蛋和蛋黃，持續攪拌。
2. 加入杏仁粉，篩入麵粉，輕輕攪拌均勻。模型內塗上軟化的奶油（分量外）。
3. 把麵團分成兩半，一半鋪在塔模裡，另一半放入裝有星形花嘴的擠花袋中。
4. 在已鋪入塔模的麵團上放糯米紙，塗抹上覆盆子果醬。
5. 在果醬上以擠花袋擠出麵團呈格子狀，然後在外圈擠上花紋。
6. 放入預熱至180°C的烤箱中烤約10分鐘，然後在170°C下繼續烤約20分鐘。

馬拉科夫蛋糕
Malakofftorte

華麗的外表，卻有著源於戰爭的歷史

這款蛋糕包含了兩層浸泡了蘭姆酒的手指餅乾（Biscotten），並在海綿蛋糕中夾入了添加核桃粉的核桃卡士達鮮奶油，呈現出豐富的層次。

馬拉科夫（Marakov）是克里米亞半島的地名，這款點心的起源可以追溯到1853年至1856年的克里米亞戰爭。法國元帥讓－雅克·佩利西耶在克里米亞的塞瓦斯托波爾附近，襲擊了俄羅斯的要塞「馬拉奇奧夫」。由於他成功佔領了這個要塞，帶來了勝利，被授予馬拉科夫公爵的頭銜。據說這就是為什麼這款點心被稱為馬拉科夫蛋糕的原因之一。

另一種說法是，馬拉科夫指的是克里米亞戰爭的激戰地－馬拉科夫砲台。的確，不僅是蛋糕夾層，甚至在表面都放射狀地裝飾著蘭姆酒浸泡的手指餅乾，這看起來確實像一座「砲台」。然而，與使用手指餅乾的夏洛特蛋糕相比，這款點心的外形更加英勇。

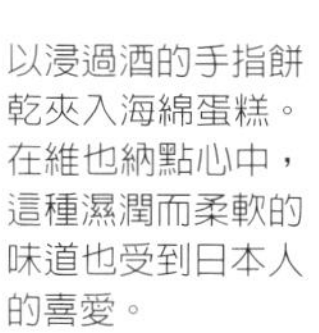

以浸過酒的手指餅乾夾入海綿蛋糕。在維也納點心中，這種濕潤而柔軟的味道也受到日本人的喜愛。

馬拉科夫蛋糕（20cm圓形）

材料

輕盈海綿蛋糕

全蛋……2顆	奶油……20g
砂糖……60g	香草油……適量
低筋麵粉……60g	檸檬皮……1/2顆

手指餅乾

蛋黃……2顆	砂糖……60克
蛋白……2顆	香草油……適量
低筋麵粉……50g	檸檬皮……1/2顆

核桃卡士達鮮奶油

牛奶……250cc	香草豆……1/2條
砂糖……50g	鮮奶油……125cc
蛋黃……1顆	核桃粉……50g
玉米澱粉……20g	蘭姆酒……2小匙

裝飾用

鮮奶油……200cc
砂糖……1大匙
香草精……少許
開心果……適量

製作方法

輕盈海綿蛋糕（→P210）

1 按照海綿蛋糕的方法製作，將麵糊倒入抹有奶油的慕斯圈中，以170℃的溫度烘烤約20-30分鐘，冷卻備用。

手指餅乾（→P211）

核桃卡士達鮮奶油（→P215）

組合

1 把輕盈海綿蛋糕橫切成2片，將第一片刷上蘭姆酒，塗抹核桃卡士達鮮奶油，再鋪上手指餅乾，重複相同的步驟，共二次，最後蓋上另一片輕盈海綿蛋糕。冷藏靜置。

2 鮮奶油加入砂糖和香草精，打發至8分發，均勻地塗抹在整個蛋糕表面，以星形花嘴在表面擠出圓花狀，並放上沾裹上巧克力的手指餅乾進行裝飾。根據個人喜好，還可以撒上一些切碎的開心果。

薩赫蛋糕

Sachertorte

全球最著名的維也納糕點代表

這是維也納糕點裡最著名的蛋糕。薩赫蛋糕的誕生原因和這款蛋糕相關的故事，將在下一頁的專欄中進行詳細介紹，原版的薩赫蛋糕已成爲薩赫酒店的招牌美食，深受人們喜愛，每年生產36萬個以上，銷售到世界各地。

含有巧克力的重奶油蛋糕體，薩赫蛋糕是以各別打發蛋黃和蛋白，製作成濕潤而輕盈的口感。再塗抹上杏桃果醬，如果是自家製作，應該慢慢地熬煮，製作出與蛋糕體相輔相成的濃郁果醬，以實現最接近原版的口感。

烤熟的蛋糕體塗抹濃郁的杏桃果醬，然後再倒上可可釉面(Grundrezept Konserve-Glasur)約3公釐厚。可可釉面不是巧克力，而是由可可粉、細砂糖和水熬製而成。慢慢地倒上，可以防止在中途凝固並變厚，過快則無法獲得表面的美麗光澤。釉面表層一旦凝固，就可確保薩赫蛋糕從維也納運送至海外仍保持新鮮度。

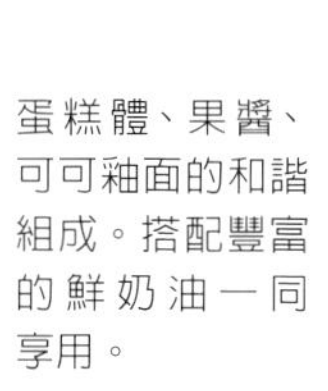

蛋糕體、果醬、可可釉面的和諧組成。搭配豐富的鮮奶油一同享用。

薩赫蛋糕(18cm圓形)

材料

薩赫麵糊

奶油…… 110g
砂糖…… 110g
甜巧克力…… 110g
雞蛋…… 4個
低筋麵粉…… 50g
高筋麵粉…… 50g

可可釉面

砂糖…… 250g
可可粉…… 25g
水…… 85cc

杏桃果醬…… 適量
柑曼怡香橙干邑甜酒(Grand Marnier)…… 少許
鮮奶油…… 100cc

製作方法

薩赫麵糊

1. 切碎巧克力，隔水加熱融化，冷卻備用。
2. 把奶油打成軟膏狀，加入一半的糖，攪拌至變白。逐一加入蛋黃，再加入步驟1的巧克力混合。
3. 將蛋白以另一個鋼盆打發，打至8分發時，分次加入剩餘的糖，打成堅挺的蛋白霜。
4. 將蛋白霜的1/3加入步驟2中混合，篩入一半的粉，輕輕拌勻，然後加入蛋白霜的1/3和剩餘的粉，最後加入剩餘的蛋白霜混合均勻。
5. 將麵糊倒入抹了奶油的模具中，放入170℃的烤箱，烘烤約40分鐘。
6. 烤好後，放在網架上冷卻，均勻塗抹杏桃果醬和柑曼怡香橙干邑甜酒。

可可釉面

1. 將所有材料放入厚底鍋中，用木匙攪拌至融化。煮沸達108~110℃時，清理容器周圍飛濺的水珠。
2. 輕輕攪拌，直到整體開始變色，呈現濃稠且稍重的質感為止。

組合

將可可釉面均勻地倒在薩赫蛋糕的整個表面，冷卻至凝固。搭配打發的鮮奶油一同享用。

✪ Viennese sweets column 01

甜美的薩赫蛋糕之爭

說到代表奧地利的點心，無疑是維也納出產的薩赫蛋糕，這款糕點聲名遠播，無人能出其右。

這款蛋糕的起源實際上有幾種不同的說法。

最為著名的說法是，在梅特涅(Metternich)親王宮廷內的糕點師法蘭茲·薩赫(Franz Sacher)在維也納會議期間創作了這款蛋糕，或者說他在1832年受梅特涅親王之命，創作了一款特殊的糕點。然而，維也納會議是在1814年至1815年舉行。遺憾的是，法蘭茲·薩赫1816年出生，那個時候他還不存在。那麼1832年的說法如何呢？當時15、16歲的法蘭茲正好是梅特涅廚房裡的學徒，因此可能是在臨時充當代理糕點師時，創作了這個蛋糕的可能性很大。

然而，在1906年的一次報紙採訪中，90歲的法蘭茲本人表示，他在1840年出差進行料理服務時，創造了一種不容易損壞且保存期限較長的蛋糕。

雖然有這麼多關於薩赫蛋糕誕生的傳聞，但在1876年，法蘭茲的兒子愛德華(Eduard)在維也納市中心開設了Hotel Sacher(薩赫酒店)，供應的薩赫蛋糕迅速成為維也納的特色美食。

愛德華去世後，妻子安娜·瑪麗亞接手了酒店的經營，然而，她優待上流社會的經營方針反而成了弊端，酒店最終陷入財政危機。面臨巨額債務，酒店於1934年破產，愛德華和安娜·瑪麗亞的兒子－愛德華二世將酒店出售，並將蛋糕的商標權轉讓給Café Demel(德梅爾咖啡廳)，此舉引發了之後的紛爭。

1938年，Hotel Sacher(薩赫酒店)的新業主也推出了Sachertorte薩赫蛋糕，於是爭端開始，酒店方面狀告Café Demel(德梅爾咖啡廳)。然而，當時由於爆發第二次世界大戰，爭端暫時中斷，但戰後1954年，Hotel Sacher(薩赫酒店)再次提起訴訟，此後展開長達7年的纏訟。這場被稱為「甜美的戰爭」的官司最終於1963年達成和解，將「Original Sachertorte原版薩赫蛋糕」這一名稱歸於Hotel Sacher(薩赫酒店)，而Café Demel(德梅爾咖啡廳)則以「Eduard's Sachertorte愛德華的薩赫蛋糕」自居。

從那時起，薩赫酒店的薩赫蛋糕上飾有寫了「Original Sachertorte」的圓形巧克力；而德梅爾咖啡廳的蛋糕上則飾有寫了「Eduard's Sachertorte」的三角形巧克力。薩赫酒店在可可釉面和蛋糕體之間塗抹杏桃果醬，而德梅爾咖啡廳則只在可可釉面的下層塗抹杏桃果醬，這是它們之間的區別。然而，如今兩者都廣受喜愛，被認為是正宗的薩赫蛋糕。

此外，在此官司後，除了Hotel Sacher(薩赫酒店)和Café Demel(德梅爾咖啡廳)之外，其他人也可以使用「Sachertorte薩赫蛋糕」這一名稱。然而，能夠自稱「Original」的僅限於薩赫酒店。原始的食譜配方被薩赫家族嚴格保管在金庫中，絕不外流。

Hotel Sacher's Original Sachertorte
© 奧地利政府觀光局 / Harald Eisenberger

凝乳蛋糕
Topfentorte

將新鮮乳酪以蒸烤的方式慢慢烘焙

這道「Topfentorte」是一種以慢慢蒸烤方式製作的凝乳蛋糕，也是在日本非常受歡迎的烘烤凝乳蛋糕。然而，與日本的卡士達乳酪相似，奧地利的凝乳蛋糕所使用的是一種名爲「Topfen」的白色新鮮乳酪。

Topfen的歷史相當悠久，可以追溯到十三世紀。將生乳添加乳酸菌或凝乳酵素攪拌，去除液體（乳清），留下凝乳（curd），這就是Topfen。這個凝乳的塊狀物浮在乳清上，看起來像斑點（Tupfen），因此得名。有從低脂肪到約40%脂肪的不同種類，脂肪越多，口感越濃郁且溫和。

由於在日本相對難以取得，這裡使用了奶油乳酪（cream cheese），加入蛋白霜使其蓬鬆。大量使用檸檬可以使味道清新可口。烘烤時，請不要忘記使用蒸烤的方式，慢慢烘焙。

凝乳蛋糕（18cm圓形）

材料

Mürbeteig（塔皮麵團）
- 奶油……100g
- 砂糖……50g
- 蛋黃……1個
- 低筋麵粉……150g

Füllung（內餡）
- 奶油乳酪……250g
- 砂糖……30g
- 蛋黃……2個
- 牛奶……100cc
- 玉米澱粉……20g
- 奶油……60g
- 檸檬汁……1又1/2大匙
- 蛋白……2個
- 砂糖……30g

蘭姆酒浸泡葡萄乾……30g

製作方法

Mürbeteig（塔皮麵團）
1. 奶油打成軟膏狀，加入砂糖，混合均勻。
2. 加入蛋黃攪拌，篩入麵粉輕輕拌勻，整合成團。
3. 放入冰箱休息30分鐘以上，用擀麵棍擀成3mm厚，鋪入模型中。
4. 用叉子等在整個表面刺出小孔，放入預熱至170℃的烤箱，空烤約12分鐘。

Füllung（內餡）
1. 把奶油乳酪攪拌到滑順狀。
2. 在1中依次加入砂糖、蛋黃、玉米澱粉、牛奶、融化的奶油、檸檬汁，攪拌至光滑。
3. 以另一個鋼盆將蛋白打發，分次加入砂糖，製作成蛋白霜。將蛋白霜加入2中拌勻。

組合
1. 在空烤完成的塔皮內撒上蘭姆酒浸泡的葡萄乾，倒入內餡。
2. 把烤箱預熱至170℃，放入烤箱上層，在下層放一個裝有熱水的烤盤，烘烤約45~50分鐘。

草莓鮮奶油蛋糕
Erdbeer Sahnecreme Torte

輕盈的麵團和奶油，散發著草莓的芬芳美味

這是使用「Erdbeer＝草莓」和「Sahnecreme＝鮮奶油」的經典草莓蛋糕。

常用於製作海綿蛋糕的麵糊，有一種稱為Genoise（全蛋打發）的製作方式，將蛋白和蛋黃一起打發。但在這個蛋糕中，我們使用比全蛋打發更輕盈的麵糊，稱為Wiener Masse（維也納海綿蛋糕）。透過在麵粉中加入玉米澱粉（或澄粉），使其口感輕盈，味道清爽。

將打發的鮮奶油中加入草莓果醬，並添加新鮮的草莓，夾在海綿蛋糕之間，使其充滿草莓的香氣。淡粉紅色的鮮奶油搭配綠色的開心果裝飾，不僅美味可口，而且外觀可愛，絕對是以草莓為主角的蛋糕。

野生草莓自石器時代就開始被食用，但從十四世紀開始在歐洲栽種，到了十七世紀進行品種改良，演變為現代的草莓品種。在奧地利，草莓是夏季盛產的水果，除了作為水果外，還用於製作樞機主教夾層蛋糕（P40）和草莓歐姆蕾（P88）等甜點，深受人們喜愛。

草莓鮮奶油蛋糕（21cm圓形）

材料

Wiener Masse（維也納海綿蛋糕）
雞蛋……3顆
砂糖……80g
低筋麵粉……55g
玉米澱粉……20g
奶油……30g

草莓鮮奶油夾層
草莓果醬……40g
吉利丁粉……5g
鮮奶油……150cc
草莓……1盒

組合
鮮奶油……300cc
糖……2大匙
草莓……12顆
開心果……適量
柑曼怡香橙干邑甜酒糖漿（Grand Marnier syrup）……適量

製作方法

Wiener Masse（維也納海綿蛋糕）
1. 在碗中放入雞蛋和糖，輕輕攪打至起泡。將碗放在約70°C的熱水上，繼續攪打，當蛋糊溫暖到接近人體溫度時，從熱水中取出，繼續攪打直到蛋糊變得濃稠。
2. 過篩加入混合的粉類，輕輕攪拌，加入融化的溫熱奶油混合。
3. 將軟化的奶油（分量外）塗抹在烤模內，倒入麵糊，在170°C的烤箱中烤約30分鐘。

草莓鮮奶油
1. 草莓果醬打成泥，將吉利丁粉浸泡在5倍水中。
2. 保留12顆草莓用於裝飾，將其餘草莓切成適當大小。
3. 將鮮奶油打發，加入1的果醬，加入以隔水加熱溶化的吉利丁，混合均勻。加入2輕輕攪拌。

組合
1. 把維也納海綿蛋糕橫切成兩片，用毛刷塗抹柑曼怡香橙干邑甜酒糖漿。
2. 在一片海綿蛋糕上塗抹大量的草莓鮮奶油，再放上另一片海綿蛋糕，冷藏至凝固。
3. 將砂糖加入鮮奶油，打至8分發，塗抹在整個蛋糕外層。用星形擠花嘴擠出剩餘的鮮奶油香醍，裝飾上草莓。撒上切碎的開心果。

恩加丁核桃塔

Engadiner Nusstorte

充分運用了核桃，製作出堅果香濃且酥脆的美味

恩加丁核桃塔（核桃焦糖塔），是源於瑞士靠近奧地利的格勞賓登州境內，恩加丁地區的傳統糕點，在日本被稱爲恩加丁核桃塔而廣受歡迎，另一個名字是「Mandelkuchen」。這是一種以脆口的塔皮，夾上大家都喜歡的焦糖和核桃製成的甜點。在法國，由於核桃的產地而被稱爲Dauphiné。這種糕點在家庭中也經常製作，剛烘烤出爐時的酥脆口感只有製作者能夠享受。

有關其起源，有幾種說法，恩加丁地區的氣候嚴寒，難以種植核桃。然而，約在十八世紀左右，前往義大利和法國打工的糕點師發現了核桃這種新食材，並將其納入當地傳統糕點的食譜，這一說法成爲最有力的解釋。這種創新得到了改良，並在1926年由法奧斯特·普爾特（Fausto Pult）創造了類似現在的食譜。

在維也納會議上，恩加丁核桃塔成爲受歡迎的點心。而由此獲得靈感的「Wiener Kongresstorte」成爲維也納的咖啡館Oberlaa的招牌點心。

恩加丁核桃塔（16cm圓形）

材料

Mürbeteig（塔皮麵團）

奶油 …… 100g
砂糖 …… 50g
蛋黃 …… 1顆
檸檬皮碎 …… 1/2顆
低筋麵粉 …… 150g

Füllung（內餡）

核桃（生）…… 100g

A
- 奶油 …… 20g
- 鮮奶油 …… 50cc
- 蜂蜜 …… 2小匙
- 香草油（vanilla oil）…… 少許

B
- 砂糖 …… 50g
- 水麥芽 …… 1小匙
- 水 …… 1大匙

蛋液（以少許水稀釋）…… 適量

製作方法

Mürbeteig（塔皮麵團）

1. 把奶油打成軟膏狀，加入砂糖充分攪拌。
2. 加入蛋黃和檸檬皮碎，攪拌均勻，加入過篩的麵粉，輕輕攪拌至混合成團。
3. 用擀麵棍將麵團擀成5mm厚度，將2/3的量鋪進模具中，放入冰箱休息30分鐘以上。

Füllung（內餡）

1. 核桃切成粗粒，放入150°C的烤箱中烘烤約10分鐘。
2. 將A材料放入耐熱碗中，溫熱備用。
3. 將B材料放入鍋中煮至濃稠狀，煮成焦糖後離火。加入A材料迅速攪拌均勻（因會噴濺，注意安全）。
4. 將1倒入混合均勻，在烘焙紙上鋪平待冷卻。

完成

1. 在冷卻的塔皮上平均鋪上冷卻的焦糖核桃內餡，邊緣塗上蛋液，覆蓋上保留1/3擀平的塔皮。
2. 使用叉子等在表面刺出氣孔，刷塗上稀釋的蛋液並劃出裝飾線條，放入預熱至170°C的烤箱中烤約40分鐘。放在網架上等待完全冷卻，確保焦糖穩定後切片食用。

黑森林櫻桃蛋糕
Schwarzwälder Kirschtorte

黑森林的特產品，充滿櫻桃的蛋糕

德國南部的施瓦本地區以「黑森林櫻桃蛋糕」而聞名，但現今不僅在奧地利和瑞士，全世界都製作這款蛋糕。英語中稱爲「Black Forest Cake」，法語稱爲「Forêt-Noire」，在日本也稱爲「Kirschtorte」。

Schwaben施瓦本的意思是「黑色的森林」，此地區以這片長滿針葉樹的茂密森林而聞名。這個蛋糕使用了此地的特產－櫻桃，以及櫻桃酒（Kirschlikör）和櫻桃白蘭地（Kirschwasser）。

將櫻桃白蘭地刷在巧克力海綿蛋糕上，最後裝飾酸櫻桃和鮮奶油。施瓦本也以乳製品爲特產，自古就享用搭配鮮奶油的點心。蛋糕上滿滿刨碎的巧克力呈現出黑森林的形象。

酸櫻桃的酸、與鮮奶油和巧克力和諧搭配，是一款美味的蛋糕。

黑森林櫻桃蛋糕（20cm圓形）

材料

巧克力海綿蛋糕

雞蛋……3顆
砂糖……90g
低筋麵粉……90g
可可粉……15g
奶油……30g
櫻桃白蘭地……適量

櫻桃餡

酸櫻桃罐頭……1罐
（櫻桃261g、汁液150g）
砂糖……50g
玉米澱粉……2大匙
櫻桃白蘭地……1大匙

裝飾

巧克力碎片……適量
鮮奶油……400cc
砂糖……4大匙

製作方法

巧克力海綿蛋糕

1. 把麵粉和可可粉混合並過篩備用。
2. 在碗中放入雞蛋和砂糖充分攪拌，下墊熱水攪打。當達人體肌膚溫度時，從熱水中取出，繼續攪打至濃稠的泡沫狀。
3. 將過篩的麵粉和可可粉加入，輕輕攪拌。
4. 加入融化的奶油，輕輕攪拌，倒入鋪有烘焙紙的烤模中，以170°C的烤箱烤約30分鐘。在表面刷塗櫻桃白蘭地。

櫻桃餡

1. 把酸櫻桃罐頭的汁液和砂糖一起煮沸。
2. 用少量水將玉米澱粉溶解，加入煮沸的汁液增加濃稠度。加入酸櫻桃（保留12顆用於裝飾），輕輕煮沸，撈去泡沫，加入櫻桃白蘭地。

裝飾

1. 把蛋糕橫切成3片，每一層都刷塗櫻桃白蘭地。
2. 在鮮奶油中加入砂糖，打發至7分發，塗在第一層蛋糕體上，放上一半的櫻桃餡。重複這個步驟，直到完成三層。
3. 在表面塗抹櫻桃白蘭地，將剩餘的鮮奶油均勻地塗抹在整個蛋糕表面。在中央撒上刨碎的巧克力，用星形花嘴將打發的鮮奶油擠出，然後放上預留的12顆櫻桃裝飾。

洛林葡萄塔

Traubentorte Lothringer

這是一個以創作衆多糕點的美食王爲靈感命名的蛋糕

這是以波蘭的美食王、享譽國際的斯坦尼斯瓦夫・萊什琴斯基（Stanisław Leszczyński）（1677~1766）的名字命名的甜點。

斯坦尼斯瓦夫・萊什琴斯基公爵據說喜歡咕咕霍夫（Kuglof），並將蘭姆酒撒在上面，創造了一款被稱爲「Baba巴巴」的甜點，這款點心後來還進一步發展成將酒倒在甜點上點燃的「Flambé」。此外，傳說瑪麗・安東妮（Marie-Antoinette）喜歡的「Meringue蛋白餅」最初也是他送到凡爾賽宮的點心之一。

1736年，在波蘭繼承戰爭中放棄王位，成爲洛林（Lorraine）公爵。之後，對甜點的熱情未減，這款「洛林葡萄塔」就是在洛林的宮廷中所創作。

「Trauben」是德語中葡萄的意思，這是一個清新的塔，充滿檸檬風味的內餡，並搭配大量的葡萄烘烤而成。

洛林葡萄塔（21cm 1個）

材料

Mürbeteig（塔皮麵團）

奶油……100g
砂糖……50g
蛋黃……1個
麵粉……150g

Füllung（內餡）

A
- 杏仁粉……35g
- 玉米澱粉……1大匙

奶油……50g
糖粉……25g
雞蛋……2個（分開蛋黃和蛋白）
香草莢……1/2條
檸檬汁……1大匙
檸檬皮碎（磨碎）……1/2個

葡萄……約18顆

製作方法

Mürbeteig（塔皮麵團）

1. 奶油打成軟膏狀，加入砂糖充分攪拌。
2. 加入蛋黃，混合均勻，篩入麵粉揉成團，用保鮮膜包好，冷藏30分鐘以上。
3. 休息好的麵團擀開成比模型稍大的圓，鋪入模型中，使用擀麵棍在塔緣滾動，將多餘的麵皮切去。
4. 在麵皮上刺出小孔，放入預熱至170℃的烤箱中約烤12分鐘至金黃。

內餡

1. 材料A混合過篩備用。
2. 奶油打成軟膏狀，加入一半的糖粉充分攪拌。加入蛋黃、香草莢刮出的香草籽、檸檬汁和檸檬皮碎攪拌，然後加入材料A輕輕攪拌。
3. 蛋白打發，分次加入剩下的糖粉繼續打發，與2混合均勻。

組合

1. 葡萄去核，不需要去皮的葡萄直接使用，需要去皮的葡萄剝去皮和核。
2. 在塔皮上均勻鋪入杏仁奶油餡，排放葡萄，放入預熱至170℃的烤箱中烤約25分鐘。

罌粟蛋糕
Mohntorte

使用黑罌粟籽製成，風味豐富的墨黑蛋糕

「Mohn＝罌粟籽」。在日本，人們熟知撒在紅豆麵包上的白色罌粟籽，從中東到歐洲，以黑色為主的藍罌粟籽更為流行。

罌粟籽蛋糕（Mohntorte）是一款以黑罌粟籽製成的奶油蛋糕。在奧地利，有很多使用罌粟籽製成的麵包和點心，但罌粟籽蛋糕是一種罕見的甜點，充滿大量罌粟籽，使其呈現濃郁的墨黑色澤。烘烤過的罌粟籽以類似炒芝麻的方式製成，磨碎後帶有迷人的香氣，味道十分美味。

在維也納和德國，也有販售罌粟籽醬，但由於在日本難以取得，所以使用罌粟籽，仍能製作出美味的蛋糕。

由於加入豐富的罌粟籽，使得蛋糕切口呈現墨黑色澤。享受微小顆粒的咬感也是一大樂趣。

罌粟蛋糕（18cm 1個）

材料

低筋麵粉……100g
高筋麵粉……50g
奶油……150g
雞蛋……3顆（蛋黃和蛋白分開）
砂糖……150g
牛奶……50cc
蘭姆酒……1大匙
檸檬皮碎……1顆
香草油……少量
藍罌粟籽（blue poppy seeds）……100g
糖粉……適量

製作方法

1. 麵粉混合後過篩。將雞蛋分成蛋黃和蛋白。將牛奶稍微加熱至人體肌膚溫度。
2. 在碗中放入奶油，攪拌成軟膏狀，加入一半的砂糖，輕輕攪打至顏色變淺。
3. 將蛋黃加入2中攪拌，然後加入蘭姆酒、檸檬皮、香草油、藍罌粟籽、牛奶，混合均勻。
4. 在另一個碗中放入蛋白，打發成泡沫狀。約打至8分發，加入剩餘的砂糖，打成光滑的蛋白霜。
5. 將蛋白霜的一半加入3中混合，輕輕攪拌，加入一半的麵粉，混合均勻，然後依序加入剩餘的蛋白霜和麵粉，輕輕攪拌。
6. 把5放入塗有軟化奶油（分量外）的模型中，放入180°C的烤箱中烤10分鐘，然後降溫至170°C烤20分鐘。
7. 取出待6冷卻後，篩上糖粉，完成。

栗子蛋糕卷

Maronibogen

使用添加了蘭姆酒的栗子奶油，展現成熟的大人風味

栗子是維也納糕點中常見的成分，在古羅馬時代傳入歐洲。在過去，栗子是窮人的主食之一，也被用作藥物，因此甚至在修道院也有種植。從十九世紀初開始，在中部布根蘭（Burgenland）進行有計劃的栽培，該地區現在是奧地利最大的栗子產地之一。

進入9月，栗子的收穫季節開始，秋天到冬天，在維也納的街頭有烤栗子攤，店裡也擺滿了使用栗子製作的各種糕點。

我在維也納學習糕點時，學會這一款美味的栗子蛋糕「Maronibogen」。「Maroni」是栗子的意思，「Bogen」是彎弓形，形容這款點心的形狀。這是一種經典的蛋糕，將栗子鮮奶油夾在巧克力蛋糕（與黑森林蛋糕相同的蛋糕體）之間。當完成的蛋糕體從側面切開前，會先在蛋糕上做出記號，以便準確切割。在這裡，我們使用糖漬栗子裝飾。鮮奶油中添加了蘭姆酒，是最適合秋季成熟大人風味的甜點。

栗子蛋糕卷（19cm長條半圓模1個）

材料

巧克力蛋糕

雞蛋……2個
砂糖……60g
低筋麵粉……60g
可可粉……2小匙
奶油……20g

栗子鮮奶油

栗子醬……50g
鮮奶油……100cc
蘭姆酒……1小匙

鮮奶油……100~150cc
砂糖……1大匙
蘭姆酒……適量
糖漬栗子……適量

製作方法

1. 製作巧克力蛋糕。將低筋麵粉和可可粉一起過篩備用。
2. 在雞蛋中加入砂糖，一邊以隔水加熱攪拌3~4分鐘，一邊打發，取出持續打發，直到濃稠並冷卻。
3. 將過篩的粉類加入蛋糊中。
4. 在3中加入融化的奶油攪拌均勻。
5. 將4倒入塗抹了軟化奶油（分量外）的烤模中，在170°C的烤箱中烤20分鐘。
6. 製作栗子鮮奶油。充分混合栗子醬、鮮奶油和蘭姆酒。
7. 將5的巧克力蛋糕橫切成兩半，夾入栗子鮮奶油，全體塗抹蘭姆酒。鮮奶油加入砂糖打發，加入蘭姆酒混合，塗抹在整個蛋糕表面，切成4份，每份擠上栗子鮮奶油，並用糖漬栗子裝飾。

埃施特哈齊蛋糕

Esterházy Schnitten

匈牙利的名門，埃施特哈齊家族的高貴糕點。

奧地利和匈牙利在歷史上有著緊密的關係，彼此之間在文化和藝術方面互相產生了深遠的影響。特別是在哈布斯堡王朝統治下的匈牙利貴族－名門埃施特哈齊家族，具有重大的影響力。埃施特哈齊家族統治著離維也納60公里遠的艾森施塔特（Eisenstadt）。在那裡，埃施特哈齊家族的尼古拉斯一世（Nikolaus I）在十八世紀建造了一座宏偉的宮殿，成為作曲家海頓（Franz Joseph Haydn）的贊助者，而這座埃施特哈齊宮至今仍然存在。

埃施特哈齊蛋糕是在二十世紀初，尼古拉斯一世的後裔、匈牙利外交官保羅·安東·埃施特哈齊三世（Paul III Anton Esterházy）所創作的蛋糕，當時非常受歡迎。雖然有許多不同的食譜變化，以加入堅果粉的蛋白霜製成蛋糕體，夾著帶有櫻桃酒的奶油霜，充滿層次感，最後以特有的箭羽紋圖案裝飾表面，呈現出優雅而精緻的外觀，象徵了高貴的埃施特哈齊家族。

保羅三世也是一位熱愛藝術的人，但在晚年陷入財政困境，於奧匈帝國成立前的1866年辭世。

埃施特哈齊蛋糕（27cm×8cm 1個）※28cm×28cm 2片烤盤

材料

蛋白……4個
砂糖……135g
杏仁粉……110g
肉桂粉、柳橙皮碎、香草籽
……適量

奶油霜

奶油……170g
砂糖……100g
雞蛋……2個
馬拉斯基諾櫻桃酒（Maraschino）
……1大匙

完成

杏桃果醬……2大匙
翻糖（fondant）、巧克力翻糖
……各適量

製作方法

1. 將蛋白打發，打至細緻的泡沫後加入砂糖。
2. 在1中加入肉桂粉、柳橙皮碎、香草籽等香料，混入杏仁粉。
3. 在鋪有烘焙紙的烤盤上均勻地塗抹2的麵糊，厚度約2~3mm，放入160~170℃ 預熱好的烤箱中烤約15分鐘。烤好後切成8cm寬的長方片狀，使用刮刀小心的移動剝離。

奶油霜

1. 在雞蛋中加入砂糖，隔水加熱至人體肌膚溫度並同時打發。之後取下，持續打發至完全冷卻。
2. 將奶油打發至顏色變淺，將1混入，加入馬拉斯基諾櫻桃酒調味。

完成

1. 在切成8cm寬的6片蛋糕體上塗抹奶油霜，層疊在一起。
2. 在表面塗抹少量加了水稀釋的果醬，再抹上翻糖。
3. 使用巧克力翻糖擠出細線條，在未完全凝固時用刀尖畫出箭羽紋。
4. 切成3cm寬的塊狀。

樞機主教蛋糕

Kardinalschnitten

源自緋色（Cardinal Red樞機主教的深紅色）的糕點

外層是含豐富蛋黃的海綿蛋糕，交替擠上打發的鬆軟蛋白霜烘烤而成，口感輕盈。夾心是咖啡風味的奶油。這個蛋糕是由維也納老字號的糕點店L. Heiner於1933年創作，成為維也納的著名代表糕點。「Cardinal」是指天主教會的「Cardinal」（樞機主教）。「Schnitte」的意思是「切」，指的是方形蛋糕。

原始的Kardinalschnitten，夾層會夾入覆盆子等紅色的果醬，這個紅色代表樞機主教的緋色禮服。此外，切開蛋糕後，切面呈現海綿蛋糕的黃色和蛋白霜的白色二種顏色，據說這代表梵諦岡國旗的顏色（垂直二色旗，黃色和白色）。

傳統的製法會大量使用覆盆子果醬，但過於甜膩，現在微微帶著苦味的咖啡鮮奶油更適合搭配輕盈的海綿蛋糕。如果想夾入較厚的鮮奶油層，我認為用明膠固化會更容易處理。如果要夾得較薄，為了防止風味變得模糊，可以將咖啡調得濃一些。

樞機主教蛋糕（9cm×25cm）

材料

蛋白餅（Windmasse）
蛋白……3個
砂糖……110g

海綿蛋糕（Keksmasse）
雞蛋……1個
蛋黃……4個
砂糖……50g
低筋麵粉……50g

咖啡鮮奶油
鮮奶油……200cc
砂糖……1小匙
即溶咖啡……2大匙
咖啡利口酒……少量

糖粉……少量

製作方法

1. 將蛋白餅的蛋白打發，打至6分發，然後分次加入砂糖，繼續打發至堅挺的蛋白霜。
2. 製作海綿蛋糕，將蛋、蛋黃、砂糖放入碗中攪拌均勻，隔水加熱至人體肌膚溫度並同時打發。之後取下，持續打發至完全冷卻。隨後加入過篩的低筋麵粉混合。
3. 在烤盤上鋪烘焙紙，將蛋白霜與麵糊個別裝入圓口花嘴的擠花袋，將1呈垂直狀擠出，每3條蛋白霜之間，擠上2的海綿蛋糕麵糊，使其交替排列。
4. 在表面輕輕篩上糖粉，然後在預熱至160°C的烤箱中烘烤約30分鐘，避免烤成焦色。
5. 製作咖啡鮮奶油。在鮮奶油中加入砂糖、以咖啡利口酒溶解的即溶咖啡，打發至8分發。
6. 當蛋糕體烤好並冷卻後，將5夾入後再切片。

杏仁鹿背蛋糕
Mandel Rehrücken

鹿背巧克力蛋糕，形狀猶如鹿背，是一款受歡迎的巧克力蛋糕

「Mandel」是指杏仁，「Reh」是鹿肉，「Rücken」則表示背部，這款點心仿效奧地利常見的烤鹿肉，在德國和瑞士也有。

在法國料理中，鹿背肉是最優質且柔軟的部位，在烘烤時，為了增加脂肪，會插入醃漬的小片豬肉或培根。為了模仿這一特點，這款蛋糕上會使用杏仁角進行裝飾。

巧克力外層下是一種豐富口感的奶油蛋糕，其中包含杏仁粉和巧克力。除此之外，還有一種名為「Rehrücken」的雙層蛋糕，以杏仁製作黃色的奶油蛋糕，再用巧克力口味的咖啡色麵糊覆蓋，兩者都深受喜愛。這種蛋糕使用特製的半圓筒形模具進行烘烤，而這種特殊模具如今在任何地方都能夠購得，顯示這款蛋糕的受歡迎程度。

融入杏仁粉和巧克力的麵糊，味道濃郁，切面的形狀也十分可愛。

杏仁鹿背蛋糕（21cm半圓筒形模）

材料

奶油……90g
砂糖……70g
蛋黃……3顆
甜巧克力……50g
杏仁粉……50g
蛋白……3顆
砂糖……50g
低筋麵粉……90g

蘭姆酒……適量
甜巧克力……150g
去皮的杏仁角……適量

製作方法

1. 奶油打成軟膏狀，加入糖打發至顏色變淺，加入蛋黃和融化（冷卻的）甜巧克力，再加入杏仁粉混合均勻。
2. 另外以鋼盆將蛋白打發，打至8分發時逐漸加入糖，打發成堅挺的蛋白霜。
3. 將步驟1中的半量輕輕拌入2，撒入過篩的麵粉攪拌均勻。再加入剩餘的蛋白霜，混合均勻，倒入塗抹了軟化奶油（分量外）的模具中。
4. 放入預熱至170℃的烤箱中烤約40分鐘。
5. 取出脫模，刷塗蘭姆酒，待涼後倒上融化的巧克力覆蓋表面。
6. 以150℃烤杏仁角至微微上色，待巧克力稍微凝固，再均勻插入即可。

鹿背模

沙蛋糕
Sandkuchen

風味豐富、口感極緻的簡易烘焙點心

這款名爲「Sand＝沙）」的點心，正如其德文名稱「Sand」一樣，口感酥鬆、細緻，是一種樸實的奶油蛋糕。其輕盈的原因在於使用了澱粉。如果你喜歡鬆軟濕潤的奶油蛋糕，可以嘗試全部使用普通的低筋麵粉。

以磅蛋糕方式製作的點心中，有許多同類型的種類，像是「Pound Cake」、「Quatre Quarts」、「Gâteau du weekend」等，這些蛋糕的麵粉、蛋、糖、奶油的比例是相同的。

然而，配方比例相同但在製作方法上有所差異。有些是將奶油和糖混合後加入整顆蛋，有些像「Sandkuchen」一樣是先分開打發蛋白，使其蓬鬆鬆軟，還有像「Quatre Quarts」一樣，將蛋和糖像海綿蛋糕一樣打發，最後加入融化的奶油。即使材料的比例相同，製作方法的差別也會帶來不同的風味。

在添加大量水果乾和堅果的情況下，往往會使用大量泡打粉，但維也納糕點通常不使用泡打粉，而是使用蛋白、蛋黃分開打發的方式，使麵糊鬆軟。這款「Sandkuchen」因其簡單而香濃，建議使用新鮮的檸檬皮和果汁以增添風味。這款奶油蛋糕總是令人愛不釋手，可以自由選擇篩上糖粉或淋上檸檬糖霜裝飾。適合搭配紅茶或咖啡，也是一種受歡迎的禮物。

沙蛋糕（18cm磅蛋糕模）

材料

低筋麵粉……80克
玉米澱粉……40克
檸檬皮（磨碎）……1顆
奶油……125克
砂糖……50克
雞蛋……2顆
（分開蛋黃和蛋白）
砂糖……50克
檸檬汁……1小匙
杏桃果醬……適量

製作方法

1. 將低筋麵粉和玉米澱粉一同過篩，加入檸檬皮碎拌勻。
2. 在碗中放入奶油和砂糖，攪拌至顏色變淺，然後加入蛋黃。
3. 在另一個碗中，打發蛋白，中途加入砂糖，持續打發至堅挺，然後加入檸檬汁。
4. 將步驟2加入一半的蛋白霜混合均勻（不須完全混合），加入步驟1拌勻。
5. 再加入剩餘的蛋白霜，混合均勻，倒入鋪好烘焙紙的模型中，放入170°C的烤箱烘烤約30~40分鐘。
6. 脫模，在仍溫熱的時候每一面都刷塗上杏桃果醬。

李子蛋糕

Zwetschgenkuchen

將秋季水果－李子融入，清新風味的蛋糕

「Zwetschge」是一種李子（西洋李）的品種，夏季至秋季是它的盛產季。果肉略帶硬度，有嚼勁。有時可以直接生吃，也可以利用其酸味製作成糕點或料理，甚至煮成一種叫做「Powidl」的醬。

這種蛋糕在奧地利、德國和瑞士經常製作，將新鮮的李子切成四等分，整齊地排列在加有肉桂打發製成的奶油蛋糕上，然後進行烘烤。當產季到來時，這款蛋糕常常出現在麵包店和糕點店裡。

由於底部的奶油蛋糕鬆軟，將李子放在頂部烘烤時，果汁滲透到下方，整個蛋糕瀰漫著李子的甜酸香氣。雖然這是一種樸實而大眾化的點心，但果香多汁，清新宜人的風味令人著迷。在李子季節，請務必嘗試製作。您也可以用西洋李蜜餞替代李子，加上一些打發的鮮奶油一同享用也非常美味。

李子蛋糕（18×12cm方模1個）

材料

李子…… 10個
奶油…… 100g
砂糖…… 100g
雞蛋…… 2個（蛋黃和蛋白分開）
低筋麵粉…… 100g
肉桂粉…… 少許

製作方法

1. 把李子切成兩半，去核，再將每半顆切成4至6片。在烤模上塗抹一層薄薄的軟化奶油（分量外）。
2. 在另一個碗中，將奶油加入一半的糖，攪打至奶油變蓬鬆。加入蛋黃並繼續攪打。
3. 在另一碗中，將蛋白打發，當達到7分發時，加入剩餘的糖，繼續打發，直至形成堅挺的蛋白霜。
4. 把3的一半加入2中輕輕攪拌，加入過篩帶有肉桂粉的低筋麵粉，然後加入剩下的3的蛋白霜，混合均勻。
5. 把4倒入模具中，排列1的李子，然後在預熱至170°C的烤箱中烘烤30~40分鐘。

蘋果酥粒蛋糕
Apfelstreuselkuchen

將砂礫狀的酥粒撒在表面，烤至金黃

這是在蘋果奶油蛋糕上撒德國風格的「Streusel酥粒」後烘烤而成的點心。Streusel是德語，意思是「散播、撒上」，指的是德國糕點的製作方法，即混合麵粉、奶油和糖，製成砂礫狀的裝飾表層，通常會撒在麵包或點心的表面。

Streusel不僅在這款蛋糕上使用，也常用於美式蘋果派等點心中。它帶來酥脆的口感，成爲點綴多汁水果的絕佳選擇。

Streuselkuchen據說源於波蘭的西里西亞（Schlesien）地區，是一種在傳統慶祝活動，如節日或婚禮儀式上供應的烘烤點心。雖然與英國的Crumble（酥頂）有些相似，但後者相對是較近期的點心，起源於二戰時期，也許靈感正是從Streuselkuchen而來。

蘋果酥粒蛋糕（18×12cm方模1個）

材料

酥粒麵團

- 低筋麵粉、砂糖
- 奶油（冰涼的）……各20g

奶油……50g
糖粉……50g
雞蛋……1顆
低筋麵粉……35g
泡打粉……1g
香草油……少量
檸檬皮（磨碎）……1/2 顆

焦糖蘋果

蘋果……2顆（淨重約400g）
砂糖……1大匙
奶油……1大匙

製作方法

1. 將酥粒麵團的材料混合，輕輕搓成砂粒大小的粒狀麵團。
2. 將奶油打發，加入糖粉，繼續打發至白色顏色變淺並蓬鬆。
3. 將雞蛋打散，慢慢加入2中，持續攪拌。加入香草油和檸檬皮碎。
4. 篩入低筋麵粉和泡打粉，均勻混合。
5. 將4倒入鋪有烘焙紙的方形模具，排上焦糖蘋果，撒上1的酥粒。
6. 在170℃的烤箱烤約35分鐘。篩上糖粉（分量外）即可。

焦糖蘋果

1. 將蘋果去皮去核，切成6等分。
2. 在平底鍋中加入奶油和砂糖，融化後加入蘋果加熱。
3. 等到整體呈現焦糖色後熄火，放涼即可。

核桃蛋白餅

Makronenschnitten

香脆的核桃餅皮與果醬的風味相得益彰

堅果蛋白餅的美味之處在於其三重組合：Mürbeteig（塔皮麵團）、果醬和核桃蛋白餅（Makronen）。Makron是指使用堅果與蛋白製成的蛋白餅（音譯：馬卡龍），而使用核桃的蛋白餅在維也納糕點中經常見到。

果醬的選擇可以是帶有甜酸味的種類，這樣就能夠成爲口感的亮點，所以任何口味的果醬都可以適用。這裡使用了紅醋栗果醬，但草莓或覆盆子等莓果類也很搭。主角核桃應該經過烘烤讓其變得脆口，然後在切碎之前要冷卻。切碎的大小可以根據個人口味，但略微粗糙的切碎方式能夠讓核桃的風味更爲突出，味道更美味。

完成後切成薄片，並佐上打發的鮮奶油。雖然最好在烘焙完即刻品嚐，但如果放入乾燥劑，可以保存一段時間。這是家庭製作的經典糕點，也常見於糕點店，是聖誕節餅乾的絕佳選擇。

核桃蛋白餅（8×25cm厚7~8mm）

材料

Mürbeteig（塔麵團）

奶油…… 100g
砂糖…… 50g
蛋黃…… 1個
小麥粉…… 150g
香草/檸檬…… 適量

紅醋栗果醬（red currant）…… 100g

核桃蛋白餅

蛋白…… 2個
砂糖…… 85g
核桃…… 100g
低筋麵粉…… 20g

鮮奶油…… 適量

製作方法

1. 製作Mürbeteig（塔皮麵團→P213），將麵團擀成厚度約為7~8mm的長方形，尺寸為8cm×25cm。將兩側的邊向內折疊，形成邊緣。
2. 在180°C的烤箱中烤10~15分鐘，半熟後塗抹果醬。
3. 製作核桃蛋白餅。打發蛋白，打至8分發，加入砂糖，製作蛋白霜。加入低筋麵粉和切碎的核桃，充分攪拌，倒在2的表面。
4. 在180°C的烤箱中烤約20~25分鐘。
5. 切成2~3cm大小，可根據喜好搭配打發的鮮奶油享用。

檸檬蛋糕卷

Zitrnenroulade

濃郁的檸檬風味蛋糕卷

「Zitronen」是德語中的檸檬，而「Roulade」則意指「捲起的東西」。在維也納，蛋糕卷是非常受歡迎的一款蛋糕，除了檸檬之外，還有各種口味，如香草、果醬、巧克力等。

製作完美蛋糕卷的訣竅在於麵糊的製作。在混合麵粉和玉米澱粉的過程中，需要比製作普通海綿蛋糕時更加仔細地混合。由於麵粉量較少，混合不足會使海綿蛋糕的結構較粗，難以巧妙地捲起。

檸檬卡士達充分混合並煮熟，直到粉類煮熟為止。如果加熱不足，檸檬卡士達會變成流質。待其完全冷卻後，與打發至8分發的鮮奶油混合。這款檸檬風味的蛋糕卷是初夏的絕佳配方。

檸檬蛋糕卷（28cm 1個）

材料

檸檬蛋糕卷

雞蛋……3個
砂糖……60g
低筋麵粉……60g
奶油……20g
檸檬皮（磨碎）……約1/4個

檸檬卡士達鮮奶油

蛋黃……2個
砂糖……50g
麵粉……10g
玉米澱粉……10g
檸檬汁……60cc
檸檬皮（磨碎）……2個
鮮奶油……100cc

裝飾

鮮奶油……100~150cc
砂糖……1大匙
檸檬皮絲、薄荷葉（裝飾用）……適量

製作方法

檸檬蛋糕卷

1 在烤盤上鋪烘焙紙。
2 將雞蛋和砂糖放入碗中，充分攪拌，然後將碗下墊熱水攪拌，當達到人體肌膚溫度時，將碗從熱水中取出，繼續打發至濃稠蓬鬆。
3 加入過篩麵粉，輕輕攪拌，然後加入融化的奶油和檸檬皮碎。將麵糊均勻地倒在1中，下方再疊上一張烤盤，放入預熱至170℃的烤箱中烤約10~12分鐘。

檸檬卡士達鮮奶油

1 將蛋黃和砂糖放入碗中，攪拌均勻，加入過篩的麵粉和玉米澱粉，用打蛋器混合均勻。
2 將檸檬汁加熱，逐漸加入1中並攪拌。然後，將混合物以中火加熱，不斷攪拌。一旦變得濃稠且冒泡，即可離火，加入檸檬皮碎待冷卻。完全冷卻後，與打發至8分的鮮奶油混合。

裝飾

1 在檸檬蛋糕體上塗抹檸檬卡士達鮮奶油，從前端開始捲起，將接口處放在下方，用保鮮膜包好，冷藏冷卻至形狀固定。
2 將裝飾用的鮮奶油打發，塗抹在1的表面，再擠上剩餘的鮮奶油。
3 以檸檬皮和薄荷葉裝飾。

馬鈴薯蛋糕

Kartoffeln

造型可愛，內含豐富風味的馬鈴薯造型點心

名稱「Kartoffeln」在德語中意爲「馬鈴薯」。歐洲的糕點中經常能見到以蔬菜爲名，例如「甘藍」或生活用品名稱，如「拖鞋」等的可愛點心，而「Kartoffeln馬鈴薯蛋糕」正是其中之一。

這款糕點以蘭姆酒、巧克力、杏仁粉和蛋糕碎製成，混入杏桃果醬，並在外層加上可可製的杏仁膏（Marzipan），呈球狀，仿若馬鈴薯。不規則的外型也增添了一份可愛。表面加上松子，模擬馬鈴薯發芽，再裹上可可粉。如果將可可粉換成肉桂粉也是一個不錯的選擇。雖然外表樸實，卻是一款味道相當豐富的點心。當然，它不僅適合搭配咖啡、紅茶，也是美酒的絕佳伴侶。

這款點心在維也納和德國的糕點店都看得到，同樣在法國也有一種名爲「Pomme de terre馬鈴薯」的相似點心。它們之間是否有食用方式上的區別呢？不論如何，這是一款充滿幽默感的糕點。

馬鈴薯蛋糕（6個）

材料

杏仁粉……50g
甜巧克力……40g
蛋糕碎……125g
杏桃果醬……2大匙
蘭姆酒……45cc

杏仁膏……約120g
可可粉……適量
松子……適量

製作方法

1. 杏仁粉在170°C的烤箱烤7~8分鐘，冷卻備用。
2. 切碎巧克力，用隔水加熱法融化。
3. 將蛋糕碎和1混合，然後加入杏桃果醬和蘭姆酒，再加入2混合均勻。最後分成40克一個，搓成圓球狀。
4. 在杏仁膏中加入可可粉，搓揉成咖啡色，分成6份，然後搓成球狀，用擀麵棍擀成薄圓片。
5. 用4包裹3，形成馬鈴薯的不規則圓球狀。
6. 在5外裹上可可粉，插入松子像馬鈴薯發芽一樣，完成。

水果雞尾酒蛋糕

Punschkrapfen

儘管體積小，內容卻非常講究的迷你蛋糕

這是奧地利的經典點心，也許在日本不太爲人所知。在奧地利，有一種常見的甜美水果雞尾酒，叫做「Punsch」，而這款糕點或許可以視爲其蛋糕版本。雖然也有製作成大型蛋糕的情況，但一般來說，這款小小的迷你蛋糕更爲普遍。儘管體積小，但內容相當講究。將杏桃果醬和巧克力的餡料充分融入蛋糕碎中，並在巧克力中添加蘭姆酒。就像雞尾酒一樣，這款蛋糕也充滿時尚的風味。

粉紅色的外層是用糖霜或者杏仁膏製成的，因爲相當甜，所以還是建議選擇小尺寸。配上熱騰騰的黑咖啡（Schwarzer），這款美味的點心更加美味。

杏桃果醬和混入可可的蛋糕夾在一起，味道濃郁。

水果雞尾酒蛋糕（4cm方塊12個／26cm×16cm長方模）

材料

雞蛋……3顆
砂糖……120g
低筋麵粉……120g
檸檬皮（磨碎）……1個

A
- 杏桃果醬……2大匙
- 柑曼怡香橙干邑甜酒（Grand Marnier）……20cc
- 檸檬汁……少量

B
- 可可粉……1大匙
- 水……適量
- 蘭姆酒……1大匙

杏桃果醬……適量
杏仁膏……240g
紅色食用色素、水……適量

可可鏡面（glaçage au cacao）……適量
開心果……適量

製作方法

1. 在雞蛋中加入砂糖並打發。當泡沫狀的麵糊像緞帶一樣流下時，篩入低筋麵粉，加入檸檬皮拌勻。
2. 將1倒入塗抹了軟化奶油（分量外）的烤模中，在170℃的烤箱中烤約20分鐘。
3. 切成兩半，第一塊橫向切片備用。第二塊製作成蛋糕碎，一半加入A，另一半加入B，製作成兩種顏色的蛋糕碎。
4. 在第一塊的海綿蛋糕上塗抹杏桃果醬，分層加入A和B的蛋糕碎，覆蓋上另一半的海綿蛋糕，輕輕按壓。
5. 切成4cm×4cm的小方塊，用染成粉紅色的杏仁膏包裹。
6. 可以根據喜好在上面裝飾可可鏡面和開心果。

西班牙風蛋糕

Spanische Windtorte

以蛋白霜和鮮奶油優雅完成的宮廷蛋糕

這是一款將蛋白霜做成蛋糕殼，再填入鮮奶油和水果，經過美麗裝飾的蛋糕。

首先，擠出圓形的蛋白霜作爲底部，然後擠出環狀的蛋白霜，疊出高度，構建出蛋糕的外殼。

完成後，在中間填入鮮奶油和草莓等，再蓋上同樣由蛋白霜製成的蓋子。最後，裝飾上皇后伊莉莎白也喜愛的糖漬紫羅蘭花。

蛋白霜擠出後，需要低溫烘焙約1小時，反覆進行這個過程，製作底部和側邊的環狀蛋白霜，這個步驟可能需要相當長的時間。建議在潮濕度較低的日子裡悠閒地製作。

西班牙風蛋糕（15cm圓形1個）

材料

蛋白……4個
砂糖……250g
塔塔粉……1/4小匙

裝飾用蛋白霜

蛋白……4個
砂糖……250g
塔塔粉……1/3小匙

糖漬紫羅蘭……10朵
鮮奶油……200cc
砂糖……2大匙
草莓……1盒

※ 塔塔粉是一種有機酸，又稱酒石酸氫鉀，能使蛋白霜更有彈性，綿密度更佳。

製作方法

1 預熱烤箱至95~100℃。
2 在烘焙紙上畫一個直徑15cm的圓圈，翻面放在烤盤上。
3 在碗中放入蛋白，加入砂糖和塔塔粉，攪打約5分鐘，直到蛋白霜堅挺。
4 使用直徑1.9cm的圓口花嘴與擠花袋，在烤盤上擠出厚度1.3~1.9cm的螺旋狀圓形，形成蛋糕的底部。
5 在另一個烤盤上擠出3個與4相同大小的環狀蛋白霜。分別在100℃的烤箱中烘烤45分鐘。
6 擠出成蓋子的部分，就像底部一樣，同樣進行烘烤。

組裝

1 在烤好的底部蛋白餅上擠出5~6個不同位置的蛋白霜，放上一個環狀的蛋白餅。依序將環狀蛋白餅疊至4層後，放入95℃的烤箱中烘烤至乾燥約20分鐘。
2 等到1乾燥後，用擠花袋裝入裝飾用的蛋白霜，平均擠在乾燥蛋白餅的側邊。同時，使用星形擠花袋在邊緣以蛋白霜進行裝飾。放入90~100℃的烤箱中烘烤乾燥40分鐘。

完成

1 在作為蓋子的蛋白餅上擠出裝飾，放入90~100℃的烤箱中烘烤乾燥20分鐘。
2 完全乾燥後，將鮮奶油加入砂糖打發，和草莓混合填入蛋糕內，再用糖漬紫羅蘭裝飾。

堆疊起環狀蛋白餅形成的蛋糕外殼內部，邊緣和側面的花紋最後再製作。

在填入打發鮮奶油或草莓時，請小心使用湯匙以防外殼損壞。填充的材料和裝飾可以根據個人喜好選擇。

✪ Viennese sweets column 02

美麗的鮮奶油裝飾蛋糕，是皇家的白馬？

西班牙風蛋糕是十八世紀料理書中出現的巴洛克風格蛋糕。雖然我們不太清楚名稱「Spanische Windtorte」的由來，但在奧地利，蛋白霜有時被稱為「Spanische」，而最優雅美麗的事物在奧地利被稱為「Spanische」。有人認為這是一種向維也納著名的西班牙式宮廷馬術致敬的甜點。

奧地利與西班牙相同，受到哈布斯堡家族（Haus Habsburg）文化的深刻影響，可能是這一現象的象徵。例如，維也納宮廷糕點可以追溯到神聖羅馬皇帝斐迪南一世Ferdinand I（1503~1564）的時代，他在西班牙長大，並在當地設立了專門為貴族提供宮廷糕點的學校。

Spanische Windtorte可能因為製作繁瑣，近年來已不再常見，但它再次引起了關注，成為媒體討論的焦點。由於蛋白霜會吸收水分而變潮濕，因此建議在上桌前才將鮮奶油和水果填入。

作為使用蛋白霜的點心，英國的糖霜蛋糕在外觀上類似，但內部是水果蛋糕，表面則以糖膏或糖霜完成。還有源自俄羅斯芭蕾舞者安娜·帕夫洛娃的帕夫洛娃（Pavlova），這也是一種在紐西蘭和澳大利亞食用的甜點，使用蛋白餅搭配水果、鮮奶油和果醬。它與Spanische Windtorte相似，由酥脆的蛋白餅和柔軟的鮮奶油組合而成。

西班牙式皇家騎術學校的白馬雕像 / 維也納瓷器工坊奧卡登。© 奧地利政府觀光局 / Astrid Bartl

成立於1572年的西班牙式皇家騎術學校，展示了源自西班牙的利皮茨納種(Lipizzaner)的白馬進行古典馬術表演。© 奧地利政府觀光局/ Willfried Gredler-Oxenbauer

由約瑟夫·維克斯伯格（Joseph Wechsberg）撰寫，收錄在《世界的料理16 奧地利／匈牙利料理》一書中。

⭘ Viennese sweets column 03

維也納糕點輝煌歷史的故事

維也納的甜點與哈布斯堡家族(Haus Habsburg)的歷史深深相連。哈布斯堡家族是歐洲中部自十三世紀中葉至十九世紀初期，長達640年的一個貴族家族。起初，哈布斯堡家族是來自瑞士東北部一個不太重要的貴族，然而他們透過婚姻而非戰爭，與其他國家的有力家族聯姻，擴張領土，成為奧地利、德國(神聖羅馬帝國)、荷蘭、西班牙、葡萄牙、那不勒斯、西西里、比利時、匈牙利等地的統治者，擁有龐大的影響力。因此，奧地利的首都維也納

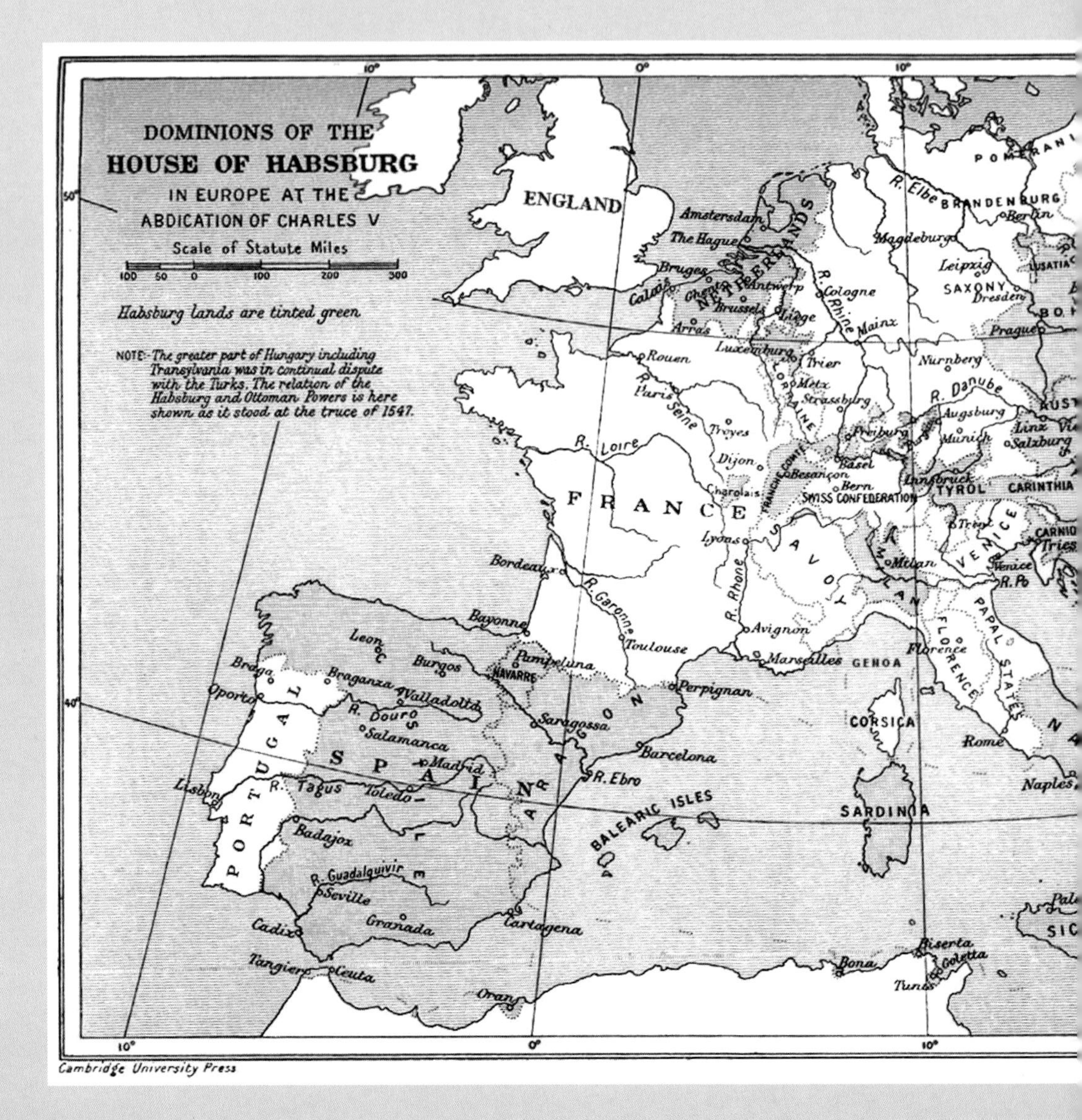

成為各國飲食文化匯聚的地方。

維也納的甜點發展始於十五世紀，當時哈布斯堡家族的第一位神聖羅馬皇帝－腓特烈三世（Friedrich III der Weise）誕生。當時，他與皇后艾琳諾來自葡萄牙，這個國家和西班牙一樣，從糖的貿易中獲取巨額利潤。此外，用於許多維也納甜點的巧克力最初是由墨西哥傳入西班牙皇室，然後透過西班牙哈布斯堡家族的聯姻傳播到歐洲。

維也納也是中東和歐洲之間貿易的樞紐，受到阿拉伯國家和東歐飲食文化的濃厚影響。例如，Strudel最初被認為是源於阿拉伯的Baklava糕點。同時，許多傳入其他國家的奧地利甜點也是例子，像是咕咕霍夫Gugelhupf和可頌。林茨塔Linzer Torte的傳播也是一個例子，它是一位訪問奧地利商業城市林茨（Linzer）的旅人將其作為禮物帶回，進而在整個歐洲傳播開來。

維也納甜點的形狀特色之一，是許多甜點像樞機主教蛋糕Cardinal Schnitten一樣，採用縱向細長的形狀，這是因為哈布斯堡家族是虔誠的天主教徒，在過去僅允許特殊的甜點製作成圓形蛋糕（Torte），因為切片時會形成十字的動作。

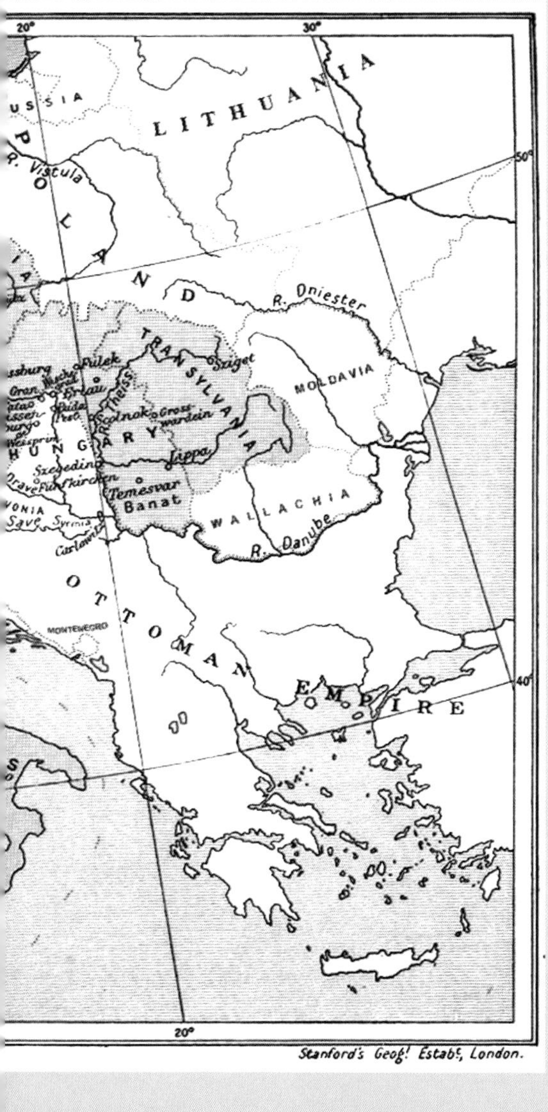

1547年，當時的哈布斯堡家族領土（約於1912年繪製）

✪ Viennese sweets column 04

與維也納糕點歷史息息相關的名人紀事

哈布斯堡家族的人們

哈布斯堡家族是源自瑞士北部的貴族，自十三世紀以來擴大勢力，十五世紀後被選為神聖羅馬皇帝，之後透過熟練的聯姻手段建立了龐大的帝國。他們將來自不同國家的飲食文化帶到了哈布斯堡家族中。

腓特烈三世

Friedrich III, 1415-1493

哈布斯堡家族的第一位神聖羅馬皇帝。是馬克西米連一世的父親。娶了葡萄牙國王的女兒埃萊奧諾爾。當時葡萄牙正開始在殖民地生產糖。

馬克西米連一世

Maximilian I, 1459-1519

腓特烈三世的兒子，神聖羅馬皇帝。透過與十四世紀到十五世紀間在歐洲擁有龐大國力和成熟文化的勃艮第公爵的女兒－瑪麗結婚，哈布斯堡家族繼承了勃艮第的領地。

斐迪南一世（神聖羅馬皇帝）

Ferdinand I, 1503-1564

馬克西米連一世的孫子，是西班牙國王查理一世的弟弟。他將西班牙宮廷的糕點師召到維也納，制定宮廷晚宴的規則，成立了宮廷糕點的專門學校等，對維也納的飲食文化產生了巨大的影響。

瑪麗亞·特蕾莎

Maria Theresia, 1717-1780

奧地利大公，瑪麗·安東妮（Marie-Antoinette）的母親。後來嫁給了洛林公爵，成為神聖羅馬皇帝法蘭茲一世（Franz I）。當時，從洛林帶來了法國的糕點師，並在1741年創立了宮廷糕點部門。

瑪麗·安東妮

Marie Antoinette, 1755-1793

法國國王路易十六的王后。作為法蘭茲一世和瑪麗亞·特蕾莎的么女，她在維也納出生。據說她引進了咕咕霍夫Gugelhupf和新月酥Kipferl這些甜點到法國。

法蘭茲二世

Franz II, 1768-1835

神聖羅馬帝國的最後一位皇帝，也是奧地利皇帝法蘭茲一世。他對抗拿破崙一世但失敗，將女兒瑪麗·路易絲（Maria Luise）與拿破崙政治聯姻，並與首相梅特涅（Metternich）一起謀求復興。據說酥皮卷Milchrahmstrudel是他和次女瑪麗亞·安娜（Maria Anna）喜愛的點心。

斐迪南一世（奧地利皇帝）

Ferdinand I, 1793-1875

神聖羅馬皇帝法蘭茲二世的兒子。在1848年三月革命後被迫退位，餘生在布拉格城度過。據說他喜歡薩爾斯堡（Salzburg）的餡餅。

蘇菲（奧地利大公妃）

Sophie von Bayern, 1805-1872

奧地利大公法蘭茲·卡爾（Franz Karl）的妻子，法蘭茲·約瑟夫一世（Franz Josef I）的母親。她與皇后伊莉莎白的關係不佳。據說自1840年起，她收集了哈布斯堡家族的糕點食譜。

法蘭茲·約瑟夫一世

Franz Josef I, 1830-1916

奧地利－匈牙利帝國的皇帝（兼匈牙利國王）。皇后是伊莉莎白（Elisabeth）。在位68年，深受國民敬愛。他與由皇后介紹的舞台女演員卡塔琳娜·施拉特（Katharina Schratt）建立了深厚的友誼。以喜愛甜點而聞名，許多甜點以「Kaiser凱撒」冠名。

伊莉莎白（奧地利皇后）

Elisabeth von Österreich, 1837-1898

巴伐利亞公主。是法蘭茲·約瑟夫一世的皇后兼匈牙利王后，暱稱“西西Sisi”公主。她以嚴格的飲食習慣，同時對甜點的極度喜愛而聞名。此外，還以熱愛紫羅蘭花為人所熟悉。

其他名人

凱薩琳・德・麥地奇

Catherine de Médicis, 1519-1589

法國國王亨利二世(Henri II)的王后。她從她的母國義大利引入了許多糕點師和廚師到法國，這促成了法國料理和糕點在這個時代的發展。

斯坦尼斯瓦夫・萊什琴斯基

Stanisław Leszczyńsk, 1677-1766

波蘭立陶宛聯邦的國王，法國國王路易十五(Louis XV)的王后瑪麗・萊什琴斯基(Marie Leszczyńsk)的父親。在波蘭繼承戰爭中放棄王位後，成為洛林(Lothringen)公爵。他以美食之王而聞名，有許多與糕點有關的故事傳世。

埃施特哈齊家族

Haus Esterházy

匈牙利的大貴族，培育了許多外交官、軍人和藝術贊助者。他們忠於哈布斯堡家族，參與了對奧斯曼帝國的戰爭以及與拿破崙軍隊的戰鬥。埃施特哈齊蛋糕是為奧地利外交官保羅・安東・埃施特哈齊三世(Paul Anton Esterházy III)(1786~1866)所創作。

馬拉科夫公爵

Duc de Malakoff, 1794-1864

法國元帥艾馬布勒・讓・雅克・佩利西耶(Aimable Jean Jacques Pélissier)的別稱。在1853年至1856年的克里米亞戰爭中表現傑出，獲得了馬拉科夫公爵的頭銜。許多以馬拉科夫之名命名的糕點，包括馬拉科夫蛋糕，也因此誕生。

克萊門斯・馮・梅特涅

Klemens von Metternich, 1773-1859

奧地利的政治家。於1809年成為外交大臣，展開巧妙的外交政策。他主持了維也納會議，確立了維也納體制。他也以美食家而聞名。在1848年的三月革命中失勢，曾一度流亡到英國。

參與歐洲甜點發展的糕點師

布里亞－薩瓦蘭

Jean Anthelme Brillat-Savarin, 1755-1826

著名法學家和美食家。以言論「如果你告訴我你吃的是什麼，我就能知道你是什麼樣的人」而聞名。

路易斯・尤德

Louis Eustache Ude,1769-1846

十九世紀倫敦著名的法國廚師。他的父親是路易十六宮殿的廚師，路易斯・尤德也在那裡學習。有人認為他是舒芙蕾Soufflé 的發明者。

馬里－安托萬・卡雷姆

Antonin (Marie-Antoine) Carême,1784-1833

雖然他的本名是馬里－安托萬，但人們更熟悉他的通稱安托萬。十九世紀的糕點師，被譽為糕點界的天才。作為外交官德塔列朗(Talleyrand)的廚師，他在維也納會議上供應了美食，對維也納宮廷產生了深遠的影響。

朱利安兄弟

Julien 十九世紀

由阿爾圖爾Arthur、奧古斯特Auguste和納爾西斯Narcisse組成的三兄弟糕點師。奧古斯特在著名的糕點店－西布斯特(Chiboust)擔任糕點主廚後，兄弟們一同開設了糕點店。據說他們是薩瓦蘭(Savarin)的發明者。

約瑟夫・多博什

Dobos C. József,1847-1924

匈牙利的糕點師和廚師。以創造多博什蛋糕(Dobostorte)而聞名。據說他是首次使用奶油霜製作蛋糕的糕點師。

法蘭茲・薩赫

Franz Sacher,1816-1907

奧地利的廚師，年輕時曾在梅特涅(Metternich)親王身邊工作。以創造薩赫蛋糕而聞名。1876年，他的兒子愛德華(Eduard)開辦了Hotel Sacher(薩赫酒店)。

特萊西亞・托伊夫爾

Theresia Teufel,1868-1924

維也納宮廷瑪麗・萊什琴斯基(Marie Leszczyńsk)公主的專屬糕點師，為皇后伊莉莎白(Elisabeth)創造了多種低卡路里的點心，如紫羅蘭雪酪和冰淇淋。

Part

2

Desserts

溫熱的甜點，冰涼的甜點

現做享用，溫熱的甜點趁熱吃，冰涼的甜點冰涼享用。

在維也納糕點中，有很多甜點都需要在現做、冷藏或者凍結的狀態下立即享用，以保持其最佳口感。特別是溫熱的甜點，被稱爲「Warme Süßspeise」，其中包括酥皮卷（Strudel）、薯球（Knödel）等，這些代表了維也納糕點的精髓，稱爲「Mehlspeise」（穀物粉甜點）的糕點類。

*有關「Mehlspeise」的詳細內容，請參閱第159頁。

穿著白襯衫的摩爾人

Mohr im Hemd

巧克力蛋糕與白色鮮奶油的對比

這是一種以巧克力和杏仁粉製作的麵包布丁，加入蛋白霜使口感更加輕盈。可以使用蒸籠加熱，也可以在烤箱的烤盤裡加水蒸烤。烤好後，淋上巧克力醬，再搭配豐富的打發鮮奶油。雖然在這裡是用布丁杯製作，但在維也納的一些店裡，這款甜點有時會以大份量的布丁模製作，令人懷疑是否只供一人食用。

由於巧克力醬和鮮奶油的黑白對比，這款甜點被稱爲「Mohr im Hemd（穿著白襯衫的摩爾人）」。這名字源於1888年，當時在維也納國家歌劇院首演的維爾第，根據莎士比亞的《奧賽羅》改編的歌劇大獲成功。然而，進入二十一世紀後，「Mohr（摩爾人）」這個詞被認爲帶有歧視，一些餐廳等店家現在使用像是：巧克力咕咕霍夫或巧克力蛋糕和鮮奶油這樣的名稱。

穿著白襯衫的摩爾人（布丁杯8個）

材料

麵包布丁

奶油……70g
砂糖……70g
雞蛋（分開蛋黃、蛋白）……4個
麵包（如硬的長棍等）……50g
甜巧克力……50g
杏仁粉……70g

巧克力醬

鮮奶油……60cc
牛奶……60cc
甜巧克力……120g

裝飾用

鮮奶油……100cc

製作方法

麵包布丁

1. 在模具內塗抹軟化的奶油，撒上砂糖（分量外）。
2. 將杏仁粉在低溫（150℃）的烤箱中烤10分鐘，冷卻備用。
3. 把奶油攪打成軟膏狀，加入一半的砂糖，攪打至顏色變淺，然後逐漸加入蛋黃攪拌均勻。
4. 麵包浸泡水後擠乾，加入3中攪拌。
5. 切碎巧克力，下墊熱水融化後加入4中攪拌。
6. 以另一個鋼盆打發蛋白，打至8分發，逐漸加入剩餘的砂糖，打至堅挺的蛋白霜。加入5中攪拌，再加入2的杏仁粉輕輕攪拌均勻。
7. 把麵糊倒入1中的模具，放在鋪有布巾的烤盤上，烤盤內注入熱水用160~170℃的烤箱蒸烤25～30分鐘。
8. 製作巧克力醬。將鮮奶油和牛奶混合煮沸，加入切碎的巧克力後離火，攪拌至融化。
9. 將蒸烤好的麵包布丁倒扣在盤子裡，淋上巧克力醬，再倒入打至6分發的鮮奶油。

蘋果酥皮卷

Apfelstrudel

薄薄的麵皮包裹著水果，是維也納家庭的味道

Strudel的意思是「捲」。使用像紙一樣薄，擴展過的麵皮，包裹蘋果、櫻桃等內餡，然後烤成點心。有一種說法，酥皮卷(Strudel)的起源與土耳其的果仁蜜餅(Baklava)有關，那是使用薄麵皮和浸泡在糖漿中的堅果，經過多層層疊而成的點心。

酥皮卷在維也納流行的原因，與奧地利東部的布根蘭(Burgenland)和下奧地利(Niederösterreich)長期以來種植的小麥特性有深厚的關聯。由於使用這個地區小麥製成的麵粉，會非常有黏性和柔軟，因此認爲這與酥皮卷在此地區非常流行有關。

傳統的形狀是馬蹄形。以細長條製作整形成馬蹄形的經典蘋果酥皮卷，作爲幸運的象徵在宮廷內供應，並在十八世紀成爲哈布斯堡王朝的人氣甜點。

傳統的形狀是馬蹄形，長期以來被視為幸運的象徵，也可以直接捲成圓形。

蘋果酥皮卷(8~9人分)

材料

酥皮卷麵團

- 低筋麵粉……200g
- 高筋麵粉……50g
- 雞蛋……1/2個
- 溫水……125cc
- 沙拉油……2大匙
- 鹽……少許

Füllung(內餡)

- 蘋果(紅玉品種)……3個(600g)
- 麵包粉……50g
- 奶油……60g
- 葡萄乾……50g
- 肉桂粉……少許
- 砂糖……40g
- 融化的奶油……適量
- 糖粉……適量

製作方法

1. 製作酥皮卷麵團。在碗中將麵粉過篩，中央形成凹槽，加入雞蛋、溫水、沙拉油、少量鹽，充分揉搓成團。
2. 當麵團變得光滑時，將其整形成一個球狀，表面塗上足夠的沙拉油，休息1小時以上(麵團也可以直接冷凍)。
3. 製作內餡。去皮的蘋果切成六片，去核，切成1/4圓片狀。用奶油炒香麵包粉。
4. 將麵團在撒有少量麵粉的桌布上展開，用手掌心將2的麵團輕輕擴展成60×60cm的大小。擴展完成後，修剪邊緣，全面塗抹融化的奶油。
5. 在麵團的1/3處撒上3炒香的麵包粉，然後鋪上蘋果、葡萄乾、肉桂粉和砂糖。
6. 從放有內餡的那一側開始，拉動桌布捲起，捲完後將接口放在下方，輕輕移動到烤盤上。
7. 在表面塗抹融化的奶油，放入180℃的烤箱中烤約30分鐘。中途塗抹1～2次融化的奶油。
8. 烤好後，再次塗抹融化的奶油，篩上糖粉。根據喜好，可以搭配卡士達醬(P216)或打發的鮮奶油享用。

牛奶醬酥皮卷

Milchrahmstrudel

包裹了酸奶油的絕妙風味

「Milchrahm」的意思是牛奶醬。這是使用酸奶油製成，溫熱享用的蘋果卷，食譜甚至被收錄在十七世紀的料理書中。維也納的糕點裡，有許多食譜都充分使用牛奶，如鮮奶油、牛奶醬、酸奶油等，這可能與哈布斯堡家族曾經統治的南提洛爾地區（Tirol）是牛奶產地有關。「Milchrahmstrudel」也是奧匈帝國時代非常受歡迎的一道甜點，不僅是女皇瑪麗亞·特蕾莎（Maria Theresia）喜歡，還是最後的神聖羅馬皇帝－法蘭茲二世（Franz II）和他的么女瑪麗亞·安娜（Maria Anna）最中意的糕點。

雖然酥皮卷有許多變化，但在奧地利，由於有市售專用的酥皮卷麵團，所以在家庭中也經常製作。我最喜歡的是「蘋果酥皮卷」（P70）和這個「牛奶醬酥皮卷」，牛奶醬可以在酥皮卷烤好後再加。

帶有酸味的酸奶油和牛奶醬是極致的組合。

牛奶醬酥皮卷（20cm圓型深烤皿）

材料

酥皮卷麵團……1/2分（200g）

Füllung（內餡）
- 奶油……25g
- 砂糖……10g
- 浸泡牛奶擠乾的麵包粉……50g
- 蛋黃……1顆
- 酸奶油……100cc
- 蛋白……1顆
- 砂糖……15g

牛奶醬
- 牛奶……1250cc
- 砂糖……15g
- 全蛋……1/2顆

製作方法

1. 製作酥皮卷麵團（→P71）。
2. 製作內餡。將砂糖加入奶油中，充分打發至顏色變淺。
3. 加入浸泡牛奶擠乾的麵包粉、蛋黃和酸奶油，混合均勻。
4. 另外用鋼盆打發蛋白，加入砂糖，製作成蛋白霜。
5. 混合3和4，放在擴展好的酥皮卷麵皮上，捲起。
6. 將捲好的酥皮卷放入塗了軟化奶油（分量外）的深烤皿中，表面也塗抹融化的奶油。
7. 在180℃的烤箱中烤約30分鐘。
8. 同時混合所有的牛奶醬材料，加熱至約80℃。
9. 將牛奶醬倒入烤好的酥皮卷中，再繼續烤約10分鐘，直到凝固為止。

皇帝煎餅

Kaiserschmarrn

從皇帝到平民，廣泛受到喜愛的傳統風味

這是自奧匈帝國時代開始流行的甜點。起源雖然不確定，但有多種傳說。以哈布斯堡王朝的皇帝法蘭茲·約瑟夫一世（Franz Josef I）及其暱稱爲Sisi的皇后伊莉莎白而聞名。有一個著名的故事：御廚將以蛋餅皮和洋李製成的新甜點呈獻給伊莉莎白，但伊莉莎白擔心會變胖而不太想吃，法蘭茲·約瑟夫一世嚐了一口，結果太好吃了，兩人便一同享用了這道甜點。除此之外，還有另一種說法：當狩獵愛好者的法蘭茲·約瑟夫一世在阿爾卑斯山區打獵時，愛上了在那裡吃到的煎餅。

阿爾卑斯山區的乳製品農場被稱爲Kaser，一直以來他們吃的煎餅就稱爲Kascherschmarrn。由於受到法蘭茲·約瑟夫一世的喜愛，因而得到Kaiserschmarrn（Kaiser皇帝）這個名字。

皇帝煎餅（2人分）

材料

低筋麵粉……60g
砂糖……30g
牛奶……250cc
全蛋……2顆（分開蛋黃和蛋白）

葡萄乾……1大匙
A
- 鹽……少許
- 檸檬皮（磨碎）……1顆
- 香草油……少許

奶油……適量
糖粉……適量

櫻桃醬

櫻桃……100g
（櫻桃粒100g，汁液50cc）
砂糖……1大匙
玉米澱粉……2小匙
檸檬汁……少許
櫻桃白蘭地……1大匙

鮮奶油……100cc
砂糖……2小匙

製作方法

1. 在低筋麵粉中加入蛋黃和牛奶，攪拌至順滑，加入A。
2. 在另一個鋼盆中打發蛋白，逐漸加入砂糖，製作蛋白霜。加入1中，混合後再加入葡萄乾。
3. 預熱平底鍋，放入奶油，倒入2的麵糊。
4. 當一面煎成金黃色後翻面，繼續煎第二面（共約20分鐘）。
5. 煎好後，在平底鍋上切成一口大小，盛在盤子裡，篩上糖粉。
6. 在鮮奶油中加入砂糖，打至8分發，與5的煎餅一同擺盤，並搭配櫻桃醬。

櫻桃醬

1. 將櫻桃粒、罐頭汁、砂糖放入小鍋中加熱。
2. 倒入用少許水（分量外）溶解的玉米澱粉增加濃稠度，加入檸檬汁和櫻桃白蘭地後熄火。

※ 如果使用新鮮櫻桃，將切好的櫻桃（100g）撒上糖，靜置一會兒使其釋放水分，然後再加熱。

薩爾斯堡舒芙蕾
Salzburger Nockerl

在山形還沒塌陷時，享用烤得香噴噴的舒芙蕾

3個蓬鬆隆起的舒芙蕾，被認爲是模仿從薩爾斯堡眺望阿爾卑斯山，是薩爾斯堡當地的特色糕點。這是一種熱熱吃的舒芙蕾，歷史悠久，早在十六世紀就有記載，據說它甚至出現在哈布斯堡家族的餐桌上。在法蘭茲·約瑟夫一世（Franz Josef I）之後，繼位的斐迪南一世（Ferdinand I）也很喜歡吃。

如果你訪問薩爾斯堡，這絕對是你想品嚐的點心，但這種點心通常不在糕點店銷售，而是作爲餐廳的甜點供應。這款溫暖、剛出爐的舒芙蕾底下可能會藏著甜蜜的內餡或果醬，或者果醬會另外附上，款式因店家而異。然而，由於大多數店家提供的份量都較大，建議與朋友分享。

在家裡製作時，爲了馬上享受烤得香噴噴的舒芙蕾，可以在桌上擺好餐具，然後預熱烤箱，同時開始打發蛋白霜。烤好後，端上桌立即享用，趁著3座山還沒有塌陷時。

薩爾斯堡舒芙蕾（2人分）

材料

卵白……3顆
砂糖……60g
檸檬汁……1/2顆
檸檬皮碎……1/2顆
低筋麵粉……40g
蛋黃……1顆

藍莓醬

藍莓……100g
砂糖……2大匙
檸檬汁……1/2大匙

製作方法

1 將蛋白打發。打到8分發時，加入砂糖、檸檬汁和檸檬皮碎，製作成順滑的蛋白霜。
2 在1中加入蛋黃，篩入低筋麵粉，輕快地攪拌均勻。
3 深烤皿內用軟化的奶油（分量外）薄薄塗抹，將2盛裝成3個像山一樣隴起的麵糊，放入預熱至170°C的烤箱中，烤約12~15分鐘。
4 烤好後搭配藍莓醬上桌。

藍莓醬

1 將藍莓和砂糖加入小鍋中煮沸，煮至收汁約剩一半時加入檸檬汁。

油炸點心

Funkaküchle

這是在迎接復活節之前的慶典中所享用的油炸點心

這是奧地利最西部，福拉爾貝格（Vorarlberg）的傳統點心。

在基督教中，迎接復活節之前的大約40天被稱爲四旬期。在四旬期的第一個星期日，這個地區會舉行一個被稱爲「Funkensonntag火焰星期日」的慶典。這個慶典已經被聯合國教科文組織列爲非物質文化遺產。是將堆疊成塔狀的木堆點燃焚燒，然後將放在上面的女巫人偶燒毀。起源於基督教之前的春季儀式，燒毀女巫（寒冷冬天的象徵），代表春天即將到來。類似的慶典在德國、瑞士、列支敦士登等地也有舉辦，而在福拉爾貝格的這一天，所食用的油炸點心就是「Funkaküchle」。

將麵粉加入奶油和鮮奶油，充分揉成麵團後切成菱形薄片，用油炸至金黃（有時也會做成圓形）。儘管使用高熱量的材料，但它卻非常輕盈，有著脆脆的口感，並且如果添加糖粉、果醬、乳酪粉等，會更加美味。這不僅是在慶典中享用，也是日常的點心。

油炸點心

材料

低筋麵粉……250g
雞蛋……1個
鮮奶油……100cc
奶油……80g
鹽……1撮
冷牛奶……適量

製作方法

1. 在碗中放入低筋麵粉，逐漸加入蛋、鮮奶油。加入軟化的奶油、鹽和牛奶，混合並充分揉捏。
2. 當麵團結實成團後，放入冰箱靜置1小時，將麵團取出擀成3mm的厚度。
3. 將麵團切成5~6cm的菱形，用160℃的油慢慢炸。
4. 在中途將溫度提高至180℃，炸至呈金黃色後，瀝乾油，根據口味添加糖粉或果醬。

美泉宮薄煎餅
Schönbrunner Palatschinken

Mehlspeise（小麥粉甜點）的代表－薄煎餅

「Palatschinken」是一種在平底鍋中煎烤，類似維也納風格薄煎餅的甜點，是奧地利代表性的Mehlspeise（小麥粉甜點）之一。這也是在哈布斯堡王朝時代從地方傳入維也納的糕點之一，最初可能是從羅馬尼亞中部的外西凡尼亞地區（Transylvania）經由匈牙利傳入。

在我學習糕點的學校裡，覆蓋著鮮奶油、巧克力醬和核桃的這道甜點被稱爲「Schönbrunner Palatschinken」，而包裹了Topfen新鮮乳酪，像是烤鵝一樣烤製的，則被稱爲「Topfen Palatschinken」，兩種都是維也納極受歡迎的薄煎餅。

在維也納有專門的Palatschinken專賣店，除了包裹果醬等甜食外，還有包裹蔬菜等用乳酪烘烤的各種口味變化。

法國的橙香火焰可麗餅（Crêpes Suzette）和牛奶可麗餅在日本也很有名氣。儘管有麵粉的不同和厚度的差異存在，但用薄餅狀的餅皮包裹烘烤的甜點，在世界各地都很受歡迎。

美泉宮薄煎餅（16cm 15片）

材料

砂糖……25g
低筋麵粉……75g
牛奶……250cc
雞蛋……3個
融化的奶油……5g

奶油……適量（烘煎用）
鮮奶油……100cc
砂糖……1大匙
甜巧克力……適量
核桃……適量

製作方法

1. 在碗中混合砂糖和低筋麵粉，加入少量牛奶攪拌，加入打散的雞蛋攪拌。加入剩餘的牛奶，充分攪拌。
2. 以濾網過濾，加入融化的奶油混合均勻，用保鮮膜蓋好，在常溫下靜置一段時間。
3. 加熱平底鍋，薄薄塗抹一層奶油，倒入靜置後的麵糊，每次一勺。煎烘至表面變乾，邊緣變得脆硬，然後從鍋中取出放在盤子裡。不需要翻面烘煎。
4. 將砂糖加入鮮奶油中，攪打至8分發，然後用薄煎餅皮包裹捲起。
5. 將甜巧克力融化淋上，將剩餘的打發鮮奶油，擠在4上，撒上切碎的核桃。

蘋果薄煎餅

Apfel Palatschinken

包裹著豐富蘋果醬的樸實口味

與前一頁的美泉宮薄煎餅Schönbrunner Palatschinken相比，這是一款更樸實、更家常。只包裹果醬篩上糖粉的簡單款式，但我最喜歡這樣，在維也納時經常品嚐。Palatschinken比法國的可麗餅（Crêpes）略厚一些，在維也納厚度和大小因店而異，但口感豐富。

作爲醬料的蘋果最好選擇堅實的品種。在日本，我推薦有酸味的紅玉蘋果。澈底清洗並帶皮使用，顏色也會更漂亮。在盛產時多做一些冷凍，您可以在一年中的任何時候享受美味。

薄煎餅不僅適合作爲點心或甜點，而且非常適合早餐。可以用優酪乳和蘋果醬代替鮮奶油。還可以嘗試使用梅子、藍莓等其他水果。薄煎餅當然是在家裡現做現吃的最美味。

蘋果薄煎餅（16cm 15片）

材料

薄煎餅

牛奶……250cc
低筋麵粉……75g
砂糖……25g
雞蛋……3個
融化奶油……5g
奶油……適量（烘煎時使用）

Füllung（內餡）

蘋果……1個
砂糖……2大匙
檸檬汁……1小匙

鮮奶油……6大匙

製作方法

1. 製作並烘煎薄煎餅（→P81）。
2. 清洗蘋果，切成2cm大小的塊。
3. 在2中加入砂糖，用微波爐加熱約5分鐘，然後加入檸檬汁拌勻。
4. 打發鮮奶油，在薄煎餅中央放上1大匙，與3的蘋果醬後折起。以相同方式製作6片薄煎餅。
5. 將4和剩下的蘋果醬搭配盛盤。

印地安人

Indianer

現代已經不使用帶有歧視的名稱，但在當時以此爲名的著名糕點

這是一種將烤過的蛋糕體挖空，填入內餡再裹滿巧克力塗層的點心。大約在1820年左右，這款點心因爲受到當時在歐洲各城市表演的印度雜技演員的啟發而被稱爲「Indianderkrapfen」（印度人的甜甜圈）。然而，這其中還有一些有趣的逸事。

其中一個故事是當時維也納劇院的擁有者，帕爾菲伯爵（Graf Parth）雇用了一位印度雜技演員，並且爲了宣傳讓匈牙利的廚師創作了這款新點心，分發給來場的觀眾，這就是Indianer的由來。另一個故事則是由一對糕點師夫妻之間的爭吵所啟發。

在維也納，一位對流行的印度雜技演員著迷的妻子被丈夫責備，因此生氣地把麵團扔進油鍋，結果製作出了這個點心，並取名爲Indianer。無論如何，在十九世紀的維也納，許多報紙廣告都刊登了這種糕點，似乎非常受歡迎。

在德國，有一種類似的糕點叫作「Mohren-kopf」，意爲「摩爾人的頭」。這樣的詞彙，類似於「Moor im Hemd」（見P68），帶有歧視性也過時的稱呼，現在更常被稱爲巧克力球或巧克力之吻。

印地安人（7~8個）

材料

蛋黃……1顆
水……2小匙
低筋麵粉……20g
蛋白……2顆
砂糖……20g
玉米澱粉……20g
香草油……適量

甜巧克力……100g
鮮奶油……200cc
砂糖……1大匙

巧克力鏡面
（glaçage au Chocolat）……適量
開心果……適量

製作方法

1. 將水加入蛋黃，加入少量低筋麵粉拌勻，使其成為順滑的濃稠糊狀。
2. 在蛋白中加入砂糖和澱粉，打發成泡沫狀。
3. 在1中混入2，篩入低筋麵粉混合，再加入香草油拌勻。
4. 將麵糊擠成圓形（直徑約4~5cm），在180°C的烤箱中烘烤約10分鐘。
5. 冷卻後，挖空蛋糕體的中間，將融化的甜巧克力淋在上面，把加糖打發的鮮奶油夾在中間。
6. 可以擠上螺旋狀線條的巧克力鏡面，並以開心果裝飾。

皇帝蛋糕卷

Kaiser Omelette

皇帝喜愛的果醬蛋糕卷

Marillenmarmelade（杏桃果醬）夾在用蛋製成的蛋糕體中，篩上糖粉的蛋糕卷被稱爲皇帝蛋糕卷。與皇帝煎餅（P74）一樣，這是哈布斯堡家族的皇帝－法蘭茲·約瑟夫一世（Franz Josef I）喜愛的點心，因此得名爲「Kaiser Omelette 皇帝蛋糕卷」。

法蘭茲·約瑟夫一世似乎非常喜歡糕點，這位皇帝與甜點的緣分頗深。他以喜愛發酵式咕咕霍夫（P134）和薩赫蛋糕（P20）而聞名，與他有關的糕點中有不少樸實、受到平民喜愛的款式。而與「Kaiser 皇帝」有關的點心，通常都使用大量的糖、蛋、奶油等成分。

夾在蛋糕體中的果醬，可以使用草莓或覆盆子等替代杏桃果醬。如果替換成巧克力等其他材料，也會呈現出不同的風味。請發掘出您喜好的滋味。

蓬鬆烘烤的蛋糕體內，有豐富甜酸的杏桃果醬。

皇帝蛋糕卷（15cm的5個）

材料

雞蛋……3顆（分開蛋黃和蛋白）
砂糖……55g
蜂蜜……1/2大匙
低筋麵粉……50g

杏桃果醬……5大匙
糖粉……適量

製作方法

1. 將蛋黃和一半的砂糖攪拌至顏色變淺，加入蜂蜜拌勻。
2. 蛋白以另一個鋼盆打發，慢慢加入剩餘的砂糖，打發成蛋白霜。
3. 將2加入1中拌勻，篩入低筋麵粉輕輕攪拌。
4. 在烤盤上鋪烘焙紙，放上直徑15cm的慕斯環，倒入3。下方再墊一張烤盤（二張烤盤疊在一起），在180°C的烤箱中烤約7~8分鐘。
5. 在烤好的蛋糕體上放杏桃果醬，對摺成一半。在表面篩上糖粉，用烤熱的金屬籤壓出花紋。

歐姆蕾蛋糕

Omeletten

夾有奶油和水果的海綿蛋糕對折

這是奧地利受歡迎的點心之一，在日本也很熟悉，稱爲歐姆蕾蛋糕。使用蛋白打發而成的蓬鬆海綿蛋糕，做成圓形烘烤，再夾上鮮奶油、果醬、水果等，最後對折完成。

不使用泡打粉，僅靠蛋白霜使蛋糕鬆軟，並搭配豐富的鮮奶油和水果，味道令人難以抗拒。

歐姆蕾蛋糕的歷史悠久，甚至在古羅馬時代就有使用蜂蜜和胡椒的蛋料理食譜。據說舒芙蕾（Soufflé）和歐姆蕾蛋糕可能是從法國傳入的。在法國，有一種用蛋白輕輕打發夾有水果，並用大量奶油烘烤的歐姆蕾蛋糕。這是法國家庭中常見的點心，撒上糖粉食用。

一般來說，Omelet或Omeletten這樣的名詞通常是指使用蛋做成的料理，可以是鹹的也可以是一道甜點。但在奧地利，它是一種使用小麥粉製作的點心，在咖啡館等也是受歡迎的甜點。季節限定的歐姆蕾蛋糕會使用當季的草莓、莓果等水果。

歐姆蕾蛋糕（18cm的3個）

材料

全蛋……3個（分開蛋黃和蛋白）
砂糖……55g
蜂蜜……1/2大匙
低筋麵粉……50g

鮮奶油……100cc
砂糖……2大匙
草莓……適量
糖粉……適量

製作方法

1 將蛋黃和一半的砂糖混合攪打至顏色變淺，加入蜂蜜並繼續攪拌至濃稠狀。
2 以另一個鋼盆打發蛋白，逐漸加入剩餘的砂糖，製作蛋白霜。
3 將2加入1中攪拌，篩入低筋麵粉，輕輕攪拌均勻。
4 在烤盤上鋪烘焙紙，放上3個直徑18cm的圓形慕斯圈，在中間倒入3，下方再墊一張烤盤（二張烤盤疊在一起），放入180°C的烤箱烤7~8分鐘。
5 將砂糖加入鮮奶油中打發，塗在烤好的海綿蛋糕體上，夾入草莓，對折成歐姆蕾蛋糕的形狀。

杏桃薯球

Marillenknödel

深受平民和貴族喜愛的歐洲薯球

中世紀時期，貧窮的農民用現有的材料製作薯球（Knödel），成爲一種深受庶民歡迎的食物。隨著時光流轉，食譜不斷精進，這道料理漸漸登上了貴族的餐桌。

1477年，哈布斯堡家族的馬克西米連一世（Maximilian I）的婚禮上供應了使用來自印度珍貴的糖漬水果製成的豪華Knödel，款待賓客。糖漬水果於十七至十八世紀變得豐富，葡萄、洋李和堅果掛在木條上，稱爲Süßgebäck。隨後，以巧克力或杏仁膏包裹的這些水果製成的糕點問世，但由於巧克力和杏仁膏非常昂貴，用薯球（Knödel）包裹洋李的甜點也應運而生。如今，營養豐富、簡單易製的食譜成爲主流。根據1699年的配方，我們所熟知的水果薯球是由波希米亞的廚師傳入維也納的。

十六世紀，馬鈴薯由西班牙引進歐洲，儘管一開始難以普及成爲大眾的食物，但在奧地利，直到十八世紀中期，女皇瑪麗亞·特蕾莎（Maria Theresia）推動種植馬鈴薯，它才逐漸廣爲食用，十九世紀初期成爲大眾餐桌上常見的食材。

在德語中，稱杏桃爲「Aprikose」，而在奧地利，則稱之爲「Marillen」。Marillenknödel正是「杏桃薯球」，是一道非常具有奧地利特色的甜點。

杏桃薯球（13個）

材料

Kartoffelteig（馬鈴薯麵團）

馬鈴薯……250g
奶油……25g
低筋麵粉……100g
硬粒小麥粉（semolina）……25g
蛋黃……1顆
鹽……少許

杏桃……13顆
方糖……13顆

奶油麵包粉

麵包粉……1杯　奶油……30g

卡士達醬

牛奶……200cc
蛋黃……2顆　砂糖……40g
麵粉……1/2大匙
香草莢…… 1/2根

製作方法

1. 將杏桃挖去核，中空處填入方糖。
2. 製作薯球。將馬鈴薯煮熟，去皮搗成泥。
3. 加入低筋麵粉、硬粒小麥粉、奶油、蛋黃、少許鹽，混合均勻。
4. 取一點製作好的薯球麵團，放入煮沸的鹽水中試煮。如果麵團過軟會溶化，這時需追加低筋麵粉。相反，如果太硬，煮熟時容易破裂，這時可加入奶油使麵團更為鬆軟。
5. 將製作好的麵團搓成長條狀，切成13份，包裹含有方糖的杏桃。
6. 煮沸一鍋水，加入少許鹽，將製作好的薯球煮約10分鐘。
7. 用奶油煎香麵包粉製作奶油麵包粉。在變成深褐色時，趁熱沾裹在煮熟的薯球表面。搭配卡士達醬（→P216）享用。

乳酪餡薯球

Topfenknödel

包入順滑的乳酪餡
佐水果醬

用薯球麵團包裹Topfen（一種新鮮乳酪），濃郁的乳酪搭配水果醬。外層酥脆的口感與咖啡非常對味，也很適合作爲輕食小點。

乳酪餡薯球（10個）

材料

Kartoffelteig（馬鈴薯麵團）
馬鈴薯……250g
奶油……25g
低筋麵粉……100g
硬粒小麥粉（semolina）……25g
蛋黃……1個
鹽……1小撮

Füllung（內餡）
奶油乳酪……125g
酸奶油（sour cream）……35g
砂糖……200g
低筋麵粉……25g
檸檬皮（磨碎）……1/2顆
檸檬汁……1/2顆
鹽……少許

※ 奶油麵包粉
麵包粉……1杯
奶油……30g
糖粉……適量

製作方法

1 製作馬鈴薯麵團。（→P211）
2 將奶油乳酪和酸奶油混合，加入砂糖、低筋麵粉和硬粒小麥粉，攪拌均勻。加入蛋黃、鹽、磨碎的檸檬皮和檸檬汁。
3 將休息好的薯球分成10等份。
4 用3包裹2（每個40克），將鹽撒入沸騰的水中，加入包好的薯球煮約5分鐘。
5 取出煮好的薯球，用奶油炒麵包粉製作奶油麵包粉，沾裹在表面。
6 在盤中鋪上喜歡的水果醬（→P216），將5放入，篩上糖粉，趁溫熱時享用。

洋李甜餃
Powidltascherln

果醬的甜味和酸味
與樸素的麵團非常對味

「Powidl」指的是洋李果醬。以奶油炒香的麵包粉包裹，是一款現做的樸素小點心。

帶有馬鈴薯的麵團口感Q彈。內餡的果醬不僅限於洋李，可以根據喜好選擇喜歡的。

洋李甜餃
（13個）

材料

Kartoffelteig
（馬鈴薯麵團）
馬鈴薯……250g
奶油……25g
低筋麵粉……100g
硬粒小麥粉……25g
蛋黃……1個
鹽……少許

Füllung（內餡）
洋李果醬……80g

※奶油麵包粉
麵包粉……1杯
奶油……30g

糖粉……適量

製作方法

1 製作馬鈴薯麵團（→P211）。
2 將麵團分成13等份，每份約30克，搓成橢圓形的片狀，在中央包入果醬。
3 將2對折，捏緊邊緣呈半圓形的餃子狀，然後將水（分量外）煮沸，將甜餃放入煮3~4分鐘。
4 用奶油炒香麵包粉，製作成奶油麵包粉，沾裹在3的外層再篩上糖粉。

酵母果餡丸子

Germknödel

可以作爲主餐，使用酵母麵團的丸子。

Knödel是奧地利和德國南部傳統的麵球，從前菜、湯的配料、主菜、肉類菜餚的搭配，到甜點等，有著非常多樣的應用與變化。製作方法包括使用在維也納吃到的圓麵包Semmel（Kaisersemmel凱撒麵包）打碎後與雞蛋混合製成麵團，也有使用馬鈴薯麵團或酵母麵團等多種類型，製作的方式也非常豐富。

Germknödel是使用Germ（酵母）麵團製作的麵球。將Powidl（洋李果醬）放入麵團中，包裹後可以用鹽水煮熟，或者蒸熟。在食用前，撒上罌粟籽，可以搭配奶油醬或香草醬一同溫熱的享用。口感豐富，而且很有飽足感，也可以作爲主餐的一部分。

在維也納的店裡，賣的麵球通常比較大，一個可能就已經吃得很飽，有時還難以吃完，留下來部分讓人感到有些爲難。因此，當我自己做時，我傾向於做一些小尺寸的麵球，但數量多一些。

酵母果餡丸子（10個）

材料

牛奶……60~65cc
酵母……10g
低筋麵粉……250g
奶油……50g
砂糖……10g
全蛋……1/2顆
蛋黃……1/2顆
鹽……少許
檸檬皮（磨碎）……少許

Füllung（內餡）

洋李果醬……50g

罌粟籽……3大匙
砂糖……2大匙
融化奶油……適量

製作方法

1. 酵母溶解在溫熱的牛奶中，加入少量低筋麵粉製作中種。
2. 充分發酵後，加入其餘材料，揉成稍微硬一些的麵團。
3. 發酵約1小時後，搓成長條狀，等分成10份。
4. 壓平每個小麵團，中央放上洋李果醬，封口。
5. 再次發酵約25分鐘，煮沸水並加入鹽（分量外）。放入燙煮3分鐘後，用木匙翻面，再煮12分鐘。
6. 撈出後，撒上罌粟籽和糖，淋上融化奶油趁熱享用。

甜栗米

Kastanienreis

栗子是秋季必吃、傳統而受歡迎的點心

這是一道傳統的奧地利甜點，將煮熟的栗子弄成米粒狀，與鮮奶油混合而成。

奧地利有許多使用堅果的點心，這部分在歷史上與中東的貿易，以及當地曾是堅果生產地，如西班牙和義大利息息相關。特別是從西班牙到義大利，還有土耳其等地中海沿岸地區，是栗子的主要產地。栗子自古以來一直是珍貴的食材，也常被用作甜點的原料，並在餐桌上受到喜愛。

這道甜點在栗子季節總是大受歡迎。「Kastanien」是栗子的意思，「Reis」是米，這道點心看起來像是一粒粒的米，因此得名。在鄰近的匈牙利，也有一種叫做「Gesztenyepüré 栗子泥」的類似點心，同樣在法國的「Marron Chantilly」和著名的「Mont Blanc」也可以找到類似的甜點。

甜栗米（4人分）

材料

栗子泥

栗（帶皮）……250g
牛奶・水……各100cc
香草莢……1/4支
糖粉……60g
奶油……25g
蘭姆酒……1小匙

裝飾

鮮奶油……100cc
砂糖……1大匙

製作方法

栗子泥

1. 將提前浸泡一晚的栗子切出開口，用沸水煮沸4~5分鐘，去皮和內膜。
2. 在鍋中加入牛奶、水和香草莢與切開刮出的籽，將1的栗子煮約20分鐘，直到變軟。過濾，將栗子和砂糖放入食物處理器中攪打成光滑的栗子泥。
3. 把奶油打成軟膏狀，逐漸加入2的栗子泥中，並加入蘭姆酒。
4. 用濾網粗略過濾栗子泥，備用。

裝飾

5. 在鮮奶油中加入砂糖，打至8分發，然後放入裝有星形花嘴的擠花袋中，擠入杯內。
6. 在杯中放入過濾成米粒狀的栗子泥，按照喜好添加巧克力或栗子等裝飾。

御廚的舒芙蕾
Soufflé Kaiser Koch

趁塌陷之前享用膨軟的舒芙蕾，連皇帝也鍾情於此

「Soufflé」在法語中意味著「膨脹」，正如其名，使用打發的蛋白霜讓麵糊膨脹烘烤製成。傳統甜點風格的舒芙蕾食譜最早出現在十八世紀中葉到後半，但到了十九世紀，當時的知名廚師，如路易斯·尤德（Louis Eustache Ude）和馬里－安托萬·卡雷姆（Antonin Marie-Antoine Carême）提出了許多變化的版本。

由於其中含有乳酪（Käse），這款甜品被冠名為「Kaiser」，據說是為了迎合法蘭茲·約瑟夫一世（Franz Josef I）的口味。皇帝可能喜歡較為柔軟的食物，就像皇帝煎餅（Kaiserschmarrn）或皇帝牛軋糖（Kaisernougat）一樣，舒芙蕾也有著蓬鬆且融化在口中的質地。

從烤箱出爐後，如果不立即品嚐，它就會崩塌。皇帝為了等待舒芙蕾完成是怎樣的心情呢？不，皇帝不可能等待。廚師一定會在適當的時間開始打發，不讓皇帝等太久。

舒芙蕾可以搭配水果醬或奶油醬享用，而乳酪舒芙蕾則可以作為前菜。舒芙蕾的變化很多，甚至在日本也有專賣店。

※ Louis Eustache Ude… 十九世紀在倫敦最著名的法國廚師。
※Antonin Marie-Antoine Carême… 十九世紀改革法國烹飪，成為廚師和糕點師的開創者。

御廚的舒芙蕾（16cm 深烤盅1個）

材料
牛奶……200cc
香草籽……1/2支
奶油……20g
低筋麵粉……30g
柳橙利口酒……少量
蛋黃……3個
帕馬森乳酪粉……4大匙
蛋白……4個
糖粉……50g
玉米澱粉……10g

奶油、細砂糖……各適量

製作方法
1. 在舒芙蕾烤皿中塗抹軟化的奶油，撒上少量砂糖（分量外），放入冰箱冷藏。
2. 在鍋中加入牛奶和香草籽，用中火加熱，至快沸騰時離火。
3. 另一個鍋中加入奶油，用小火融化，加入低筋麵粉，用木匙攪拌至沒有粉粒。離火，逐漸加入2的溫牛奶，攪拌至順滑。
4. 再次用小火加熱，將麵糊煮至有點黏稠，鍋底能看到木匙劃過的痕跡。
5. 離火，加入柳橙利口酒，逐一加入蛋黃攪拌均勻，再加入乳酪粉。
6. 將蛋白以另一個鋼盆打至8分發，慢慢加入預先過篩的糖粉和玉米澱粉，繼續打至堅挺的蛋白霜。
7. 取1/3量的蛋白霜加入5的麵糊中，充分攪拌至均勻。然後加入剩餘的蛋白霜，輕輕翻拌，盡量保持膨鬆。
8. 將7的麵糊倒入預備好的模具中，放入160℃的烤箱，下墊的烤盤中注滿熱水，蒸烤約50分鐘（使用較小的模具時，可能需要30~40分鐘）。

甜甜圈泡芙

Brandteigkrapfen

起源於麥地奇家族的糕點

德文中的「Brandteig」即爲泡芙，「Krapfen是指甜甜圈。指的是烘焙成甜甜圈形的奶油泡芙，填入卡士達和鮮奶油，並裝飾草莓。

泡芙麵糊在法語中稱爲「Pâte à choux」，原型可追溯到十六世紀中期，由來自義大利嫁入法國的王妃－凱薩琳‧德‧麥地奇（Catherine de Médicis）的私人糕點師，波佩（Pope）所創。後來，被認爲在十八世紀中葉，卡雷姆（Carême）的師傅、糕點師－讓‧阿維斯（Jean Avice）完成了現代泡芙麵糊的製作方法。德文中的「Brandteig」這個名稱是指在製作泡芙麵糊時，需要反覆攪拌加熱的過程。

烘焙泡芙時，如果頂部先烤熟，則膨脹效果不佳，因此會在表面輕輕噴灑水霧，有助於使泡芙更加膨脹。

泡芙在日本也是非常受歡迎的點心，但在維也納，人們會烘烤或油炸各式各樣的泡芙點心。

甜甜圈泡芙（約12~13個）

材料

泡芙（Pâte à choux）
奶油⋯⋯50g
水⋯⋯100cc
低筋麵粉⋯⋯50g
雞蛋⋯⋯2顆

卡士達
蛋黃⋯⋯4顆
砂糖⋯⋯100g
牛奶⋯⋯500cc
低筋麵粉⋯⋯50g
香草莢⋯⋯1/2支
蘭姆酒⋯⋯2小匙

鮮奶油⋯⋯200cc
砂糖⋯⋯2大匙
草莓⋯⋯約30小顆

糖粉⋯⋯適量

製作方法

泡芙（Pâte à choux）

1. 在鍋中放入水和切成1公分大小的奶油，加熱至沸騰。
2. 加入過篩的麵粉，用小火加熱並不斷攪拌，直到水分蒸發麵團不黏在鍋緣，離火。
3. 逐漸加入打散的雞蛋，充分攪拌均勻。
4. 當用木匙舀取麵糊，會形成垂墜三角形時，裝入有12mm圓口花嘴的擠花袋中。
5. 在烤盤上薄薄塗抹軟化的奶油（分量外），以4.5cm的圈模蘸麵粉在烤盤上做出記號，按照記號擠出圈狀麵糊，輕輕噴上水霧，放入預熱至200°C的烤箱中，烘烤約15分鐘，然後降至170°C，再烤約10分鐘。

卡士達

1. 在碗中攪拌蛋黃和糖，加入過篩的麵粉和部分牛奶（約50cc），用打蛋器充分攪拌。
2. 在牛奶中加入刮出的香草籽與香草莢並加熱，然後逐漸倒入1中攪拌均勻。倒回鍋中以中火煮沸，不斷攪拌。當混合物變濃稠且冒泡時，離火，取出香草莢，讓其冷卻。冷卻後，加入蘭姆酒混合。

完成

將溫熱的泡芙橫向切半後冷卻，填入卡士達、草莓，再擠出一圈打發至8分發的鮮奶油香緹，篩上糖粉。

凱薩夏洛特
Kaiser Charlotte

海綿蛋糕和巴巴露亞。在宮廷受到喜愛的冰涼點心

夏洛特（Charlotte）最初是由英國的一位廚師，馬里－安托萬・卡雷姆（Antonin Marie-Antoine Carême）在十八世紀末創造的，他從原本將水果塡入排列好的麵包中烘烤的英國甜點－夏洛特（Charlotte）中獲得靈感。卡雷姆不再使用麵包，而是將海綿蛋糕排列好，將巴巴露亞（Bavarois）或慕斯等塡滿其中，製成冰涼點心，這就是所謂的Charlotte parisienne（夏洛特・巴黎）風格。之後，食譜進一步改進成Charlotte à la russe（俄羅斯風格的夏洛特）。

雖然夏洛特看起來非常優雅，但如果名稱中帶有凱薩的話，我想它可能是一個帶有蓋子的大型夏洛特。在這裡，我們以伊麗莎白皇后的形象，將可愛的櫻桃裝飾在紅葡萄酒的巴巴露亞上。在擠出夏洛特使用的海綿蛋糕麵糊時，會將它們擠得緊密相連。在烘烤後，應該趁海綿蛋糕體還溫熱的時候，按照巴巴露亞的形狀來定型。這是因爲在冷卻變乾之後，蛋糕體容易破裂。

海綿蛋糕和巴巴露亞的搭配因其美味，穿越時代而持續地受到喜愛。

凱薩夏洛特（6cm的圓形）

材料

海綿蛋糕
- 雞蛋……2個（分開蛋黃和蛋白）
- 低筋麵粉……50g
- 砂糖……60g
- 香草油……適量
- 檸檬皮（磨碎）……1/2個

紅酒巴巴露亞
- 吉利丁粉……7.5g
- 水……2大匙
- 紅酒……250cc
- 蛋黃……1個
- 砂糖……60g
- 鮮奶油……100cc

裝飾用櫻桃……適量

製作方法

1. 製作海綿蛋糕（→P211）。
2. 在烘焙紙上，用直徑1cm的圓口花嘴，擠出相連的海綿蛋糕麵糊，長度比照模型的高度，與直徑5cm的圓形麵糊，篩上糖粉，放入160°C的烤箱中烤10分鐘。
3. 將海綿蛋糕均勻地排列在夏洛特模型內的底部和側面。
4. 製作紅酒巴巴露亞。將吉利丁粉撒入2大匙的水中，還原備用。
5. 在鍋中加入紅酒和砂糖，加熱但不要煮沸。
6. 在碗中放入蛋黃，用攪拌器攪拌，將5逐量加入，再加入4還原後加熱融化的吉利丁液，攪拌至均勻。下墊冰水冷卻，變得稍微濃稠後，與打發的鮮奶油混合，倒入3中，冷藏至凝固。
7. 當6凝固後，放上櫻桃，再冷藏片刻即可享用。

維也納洗衣少女

Wiener Wäschermädeln

名爲「維也納洗衣少女」的傳統糕點

在十九世紀的維也納，有一種稱爲洗衣工的職業，背著大籃子、戴著頭巾的女孩們從清晨到深夜，以低薪進行長時間而辛苦的勞動。這些勤奮的女孩們逐漸被人們描述爲「開朗明亮的女孩」。爲她們舉辦的舞會也很受歡迎，直到十九世紀末洗衣機出現之前，一直是大眾的寵兒。

這款名爲「維也納洗衣少女」的圓形甜點，直譯來看可能是因爲享用後能讓人感到快樂和幸福，所以得到這樣奇特的名字。這款甜點通常在慶祝活動或節日等特別喜悅的日子食用。

將杏桃煮熟，中間包裹著方糖，裹上麵糊後油炸。有時也會使用杏仁膏代替方糖。此外，有一款外觀相似的點心，將杏桃替換爲洋李，內部填入杏仁，用相同的麵糊包裹油炸，被稱爲「Schlosserbuben鎖匠少年」。

不論是哪種，都可以撒上糖粉，搭配香草醬，趁溫熱的時候與咖啡一同享用。

十九世紀時期「維也納洗衣少女」照片。
Leopold Bachrich
1877–1878
維也納博物館

維也納洗衣少女（5個）

材料

杏桃……5個
方糖……5個

麵衣

低筋麵粉……150g
雞蛋……1個
（分開蛋黃和蛋白）
牛奶……40cc
白葡萄酒……80cc
砂糖……40g

糖粉……適量

製作方法

1. 把杏桃切成兩半、去核，在核的部分放入方糖，將杏桃合起。
2. 製作麵衣。將過篩的低筋麵粉、蛋黃、牛奶、白葡萄酒混合均勻。
3. 將蛋白打至泡沫狀，逐漸加入砂糖，打至硬挺的蛋白霜狀態，然後加入2中，輕輕拌勻。
4. 用3的麵衣包裹1，以180°C的油炸至金黃，盛在碟中，可根據喜好篩上糖粉。

水果乳酪蛋糕

Topfenoberstorte

輕盈的麵糊和乳霜，搭配莓果的香氣

「Topfenobsttorte」是一種使用新鮮乳酪(Topfen)和水果(Obst)製作的蛋糕，是維也納風格的乳酪蛋糕。這是咖啡館和糕點店中的經典點心。

Topfen是一種新鮮乳酪，具有清新的酸味。由於在日本難以取得，因此這裡使用奶油乳酪和優格混合替代。或者也可以使用Fromage Blanc或Cottage Cheese代換。

在原本維也納風格的水果乳酪蛋糕中，通常會在頂部加上Mürbeteig(塔皮麵團)，夾上乳酪內餡，但使用塔皮會讓整個蛋糕變得過於沉重，因此我以覆蓋上覆盆子或柳橙等水果果凍的方式，改編成清新的版本。

「Topfen」和「Obst」這兩個名詞主要在奧地利使用，而在德國，類似的蛋糕被稱爲Käsesahnetorte或Quarktorte。

水果乳酪蛋糕(18cm 圓形1個)

材料

Mürbeteig(塔皮麵團)
低筋麵粉……150g
奶油……100g
砂糖……50g
蛋黃……1顆

Füllung(內餡)
奶油乳酪……250g
原味優格……120g
砂糖……50g
檸檬汁……2小匙
鮮奶油……120cc
吉利丁粉……5g(水25cc)

覆盆子果凍
覆盆子果泥……50cc
水……50cc
吉利丁粉……1g(水5cc)

裝飾用
覆盆子、藍莓、香葉芹(如果有)

製作方法

Mürbeteig(塔皮麵團)

1. 展開塔皮麵團(→P213)，擀壓成3mm厚，用直徑18cm的圓形壓模壓切，放入170°C的烤箱烤12~15分鐘。

Füllung(內餡)

1. 吉利丁粉加水浸泡還原。
2. 把奶油奶酪放入微波爐中加熱約30秒，用打蛋器輕輕攪拌至柔軟，加入糖、優格、檸檬汁，逐漸混合均匀。
3. 在另一個碗中倒入鮮奶油，在碗底墊放冰水，打發至6分發後加入2攪拌均匀。
4. 將還原的吉利丁隔水加熱融化，趁熱加入3中，充分攪拌均匀後倒入下方放入預先烤好的塔皮模型內，冷藏至凝固。
5. 製作覆盆子果凍。將水和覆盆子果泥加熱，加入浸泡還原並隔水融化的吉利丁溶解，稍微冷卻。
6. 將5中的覆盆子果凍倒在4上，再次冷藏至凝固。
7. 分成10等份，可根據喜好加上新鮮覆盆子、藍莓、香葉芹等裝飾。

櫻桃芭菲

Parfait mit Kirschen

令許多名人迷戀的甜蜜冰涼口感

冰淇淋的歷史悠久，起源可追溯到西元前，但隨著發現在冰上添加鹽可降低溫度的原理，義大利誕生了使用牛奶的Sorbetto雪酪等各種食譜。然而，被認爲是世界上第一個「Ice cream冰淇淋」食譜的是十七世紀末，英國宮廷中出現的「Orange blossom snow」甜點。大約在同一時期，西西里人弗朗切斯科·普羅可布·德·可德里（Francesco Procopio dei Coltelli）經營了巴黎最古老的咖啡廳，並首次在法國銷售冰淇淋。據說拿破崙和瑪麗·安東妮（Marie-Antoinette）也曾光顧過這家咖啡廳。

最初，冰品是一種只有貴族和上流社會能品嚐的昂貴甜點，但到了十八世紀中期，它開始在歐洲各地的咖啡館和攤販普遍銷售，並誕生了各式各樣的口味。與現代不同，因爲十九世紀初沒有冷凍庫，所以他們使用金屬容器冷卻，這無疑會增加製作和保存的複雜度。

Parfait（芭菲）是一種將蛋黃、糖和鮮奶油混合而成的冰品，屬於冰淇淋的一種。在製作過程中，與冰淇淋不同，無需週期性取出攪拌，只需將其倒入容器中冷凍即可，因此非常簡單。你可以添加喜歡的水果泥，加入咖啡或巧克力，盡情享受各種變化。在這裡我們使用了櫻桃，添加當季水果的Parfait（芭菲）是一款美味的甜點。

櫻桃芭菲（4人分）

材料

黑櫻桃（新鮮）……120g
檸檬汁……1大匙
櫻桃白蘭地……2大匙
細砂糖……80g
水……120cc
蛋黃……3個
鮮奶油……150cc
飾用黑櫻桃……4顆

製作方法

1. 將黑櫻桃去核，用果汁機打成泥，加入檸檬汁和櫻桃白蘭地拌勻。
2. 在鍋中放入細砂糖和水，開火，不攪拌，煮至剩2/3的糖漿。
3. 另取一個碗，將蛋黃打散，慢慢加入2中的熱糖漿，一邊細細流入一邊攪拌，持續攪拌至冷卻。
4. 另取一個碗，將鮮奶油打至8分發，與3混合。再加入1，倒入杯狀容器中，放入冷凍庫冷凍過夜。
5. 用黑櫻桃裝飾。

芒果柳橙雪酪

Mango Orange Sorbet

皇后伊莉莎白也喜愛的冰品－雪酪

雪酪的起源可追溯到古代中國和埃及，透過阿拉伯商人傳入歐洲。雪酪這個詞的起源被認爲源於土耳其語中表示雪酪的「Şerbat」。

有各種說法，但我認爲它與咖啡和酥皮卷（Strudel）一樣，是透過與土耳其相似的途徑引入的。據傳在奧斯曼帝國，慶祝活動時有一種習慣，就是向眾人提供雪酪。

以皇帝法蘭茲·約瑟夫一世（Franz Josef I）的皇后伊莉莎白（Elizabeth）爲例，她以美貌自豪，以嚴格的飲食習慣來保持自己的美麗，據說她每天都食用雪酪等冰涼的糕點，她喜愛以利口酒和紫羅蘭製成優雅的雪酪，完全符合伊莉莎白皇后的品味。

這款芒果和柳橙的組合味道濃郁。芒果使口感更加滑順，而柳橙的酸味也十分突出，是一款適合搭配各種料理的冰品。

芒果柳橙雪酪（4人分）

材料

柳橙……2個
芒果……150g
砂糖……65g
水……100cc
檸檬汁……2大匙
柑曼怡香橙干邑甜酒（Grand Marnier）……1小匙
薄荷（裝飾用）

※芒果也可使用冷凍的。

製作方法

1 將柳橙橫切一半，用榨汁器榨取300cc的柳橙汁。剝開芒果皮，取出150g的果肉。
2 在鍋中加入水和砂糖，用中火加熱，使砂糖溶解。煮沸後，離火轉移到碗中，然後讓其冷卻。
3 待稍微冷卻後，加入柳橙汁、芒果、檸檬汁和柑曼怡香橙干邑甜酒，攪拌均勻。
4 將混合物倒入容器中，放入冷凍庫冷凍，然後放入食物料理機（food processor）中攪打，再次轉移到容器中，放回冷凍庫中充分凝固。

巴巴露亞
Bayerische Crème

以香氣濃郁的香草巴巴露亞呈現出彈力感

Bayerische Crème直譯爲「巴伐利亞奶油」的這款甜點，指的是巴巴露亞（Bavarois）。香草巴巴露亞中包含牛奶、蛋黃和鮮奶油，再以香草調味，最後使用明膠凝固。

最初在十七世紀左右，這款糕點被稱爲Bayerische Crème，是巴伐利亞地區的一種飲品。後來法國廚師將明膠加入，成爲如今的點心，這一過程記載在「Larousse Gastronomique美食百科全書」中。

與常常混淆的慕斯，區別在於製作方法。Mousse慕斯，正如其名字「泡沫」，是透過將打發的蛋白或鮮奶油加入果汁或巧克力等，然後冷藏凝固，最後輕盈裝飾而成。

經典的巴巴露亞在日本近年來製作的地方越來越少見，但將香草香氣融入牛奶製成的簡單巴巴露亞，與水果或果醬搭配得宜。巴伐利亞地區出生的皇后伊莉莎白（Elizabeth）可能也曾在童年時品嚐過這個味道。

巴巴露亞（8人分）

材料

吉利丁粉……15g
牛奶……500cc
香草莢……1支
蛋黃……3個
砂糖……125g
鮮奶油……200cc

奇異果、藍莓（根據喜好）……適量

製作方法

1. 將吉利丁粉浸泡在3~5倍的水中（分量外）。
2. 在牛奶中加入香草莢及刮出的香草籽，加熱。
3. 在碗中充分攪拌蛋黃和糖，逐漸加入2的牛奶。
4. 在小火上加熱3，同時攪拌。當混合物變得濃稠時，離火。
5. 加入1中還原的吉利丁並攪拌至溶解。
6. 在碗底墊放冰水，冷卻至混合物變得濃稠。
7. 把鮮奶油放入另一個碗中，打發至接近6分發的程度，然後與6混合。
8. 將混合物倒入用水沾濕的模具中，放入冰箱冷藏凝固。
9. 取出模具，倒扣入碗中，搭配喜好的水果或醬汁享用。

Viennese sweets column 05

一邊享受著甜美的滋味，一邊保持著美麗的皇后伊莉莎白

以「Sisi西西」為綽號聞名的皇后伊莉莎白（Elisabeth）於1837年12月24日出生在德國南部，巴伐利亞王國的名門貴族之家。在位於施利爾塞（Schliersee）湖畔的宮殿中，她和眾多的兄弟姐妹一起度過了快樂的童年。

伊莉莎白在15歲時與表兄奧地利皇帝法蘭茲·約瑟夫（Franz Josef）訂婚。皇帝的母親奧地利大公蘇菲（Archduchess Sophie of Austria）正在為兒子物色未來的新娘，最初是伊莉莎白的姐姐海倫（Helene）成為首選，但皇帝卻一見鍾情於伊莉莎白。儘管對在維也納的宮廷生活感到不安，伊莉莎白仍接受了法蘭茲·約瑟夫的求婚。1854年4月，兩人在奧古斯汀大教堂（Augustinerkirche）舉行了盛大的婚禮。

年輕時嫁入哈布斯堡家族的她，生活並不幸福，受限於保守的宮廷生活，與她的性格完全不合。她與婆婆奧地利大公蘇菲的關係非常惡劣，而且孩子們一旦出生便立即被帶走。當大女兒幼年即離世後，伊莉莎白漸漸開始變得孤僻，並遠離宮廷生活，四處旅行。

當時在歐洲宮廷中，伊莉莎白的美麗有口皆碑，她為了保持美麗終身不懈地努力，採取了獨特的美容方法和運動。她使用生肉和草莓做面膜，沐浴時添加橄欖油，健走數個小時，速度之快讓隨行的人難以跟上，同時還進行器械體操和騎馬。霍夫堡宮殿（Hofburg）中留下了她使用過的運動器材。

身高172公分的她堅持保持體重在50公斤以下，腰圍在50公分以下，並且執著於進行相當激進的飲食控制，其中之一是飲用由小牛肉中擠出的血，曾使用的壓榨機被展示在維也納皇宮銀器博物館內。

她在美泉宮（Schloss Schönbrunn）內建了一個乳品廠，她喝新鮮現擠的牛奶和製作乳酪留下的乳清，或是只喝果汁，這是一種極端的飲食方法。因此，她似乎也受到貧血和骨質疏鬆

症的困擾。

在飲食控制方面，伊莉莎白不聽從周圍的建議，堅持自己的想法。然而，她似乎經常在餐廳用餐，實際上她對甜食也相當喜愛。伊莉莎白的早餐每天由宮廷糕點部門準備，糕點師－特萊西亞・托伊夫爾（Theresia Teufel）為伊莉莎白製作的低卡路里甜點成為她的最愛。她經常要求皇室御廚製作，特別喜歡冰淇淋和雪酪等冰品，據說每天都吃。

1898年9月10日，伊莉莎白在旅行中於日內瓦被義大利的無政府主義者路易吉・盧切尼（Luigi Lucheni）刺傷，結束了她波瀾壯闊的人生，享年61歲。

皇后伊莉莎白的肖像畫（1865）收藏於霍夫堡宮殿/Franz Xaver Winterhalter。

喜愛的餐具

每次造訪奧地利，瓷器、銀器和紡織品都會不斷增加。
漫遊當地的古董市場也是一段愉快的時光。

優雅的心情
來自咖啡杯組

對我來說，無論多忙，咖啡時間都是我重視的時刻，所以在奧地利買的瓷器是我每天使用的愛物。我最喜歡的當然是奧地利的代表瓷器工坊－奧格騰Augarten（上）和古蒙納Gmundner Keramik（左）。有關奧格騰的詳細介紹可參見第118頁，而古蒙納的大膽手繪裝飾我也非常喜愛。特別喜愛綠色的圖案。將喜愛的瓷器擺在桌上享受下午茶的時間，能夠撫慰我的心靈。

銀器也是我不自覺收集的餐具。在維也納市中心的霍夫堡宮有一個銀器博物館，可以欣賞到哈布斯堡家族的豪華餐具收藏。想像當時晚宴等場合，就忍不住發出讚嘆聲。

紡織品不僅在奧地利，也在歐洲各地購得。我更喜歡質樸的刺繡和手工製品，我特別喜愛左圖中的天竺葵刺繡。

Viennese sweets column 06

維也納皇室直屬瓷器工房
奧格騰 Augarten

維也納瓷器工房奧格騰Augarten是繼麥森(Meissen)之後，歐洲第二家誕生的瓷器工房。據說他們是世界上第一家製造瓷咖啡杯的工房。最初是在貴族的支持下生產瓷器，但在1744年被國有化，由女皇瑪麗亞・特蕾莎(Maria Theresia)親自指揮，成為皇室直屬窯場，特許使用哈布斯堡家族的楯形花紋作為商標。

在300年的歷史中，奧格騰的風格可以大致分為以下五個時期：

・杜帕奇埃DuPaquier時期(1718～1744)
・洛可可時期(1744～1784)
・新古典主義時期(1784～1805)
・比德邁爾Biedermeier時期(1805～1864)
・裝飾藝術至現代(1923～)

儘管在1864年曾經短暫停產，但由於當時是奧匈帝國，因此由皇帝弗朗茨・約瑟夫下令，一些設計被匈牙利的赫倫德瓷器工房接手。然而，之後在帝國崩潰後的1923年，奧格騰宮中的工房再度重建，一直持續至今。

與大規模生產的工廠不同，這種由熟練的工匠手工製作，優雅而精緻的白瓷，代表著工房傳統的精湛工藝。代表性的圖案有「瑪麗亞・特蕾莎」、「維也納之玫瑰」、「比德邁爾」、「奧伊根親王」等。你還可以在工房參觀製造過程。

1718年，誕生於奧地利皇家領土內的瓷器工房，那就是奧格騰。他們在保持最高品質的同時，培育了傳統的工藝技能，並呈現各個時代的象徵。

1744年，根據女皇瑪麗亞・特蕾莎的命令，成為皇室直屬瓷器窯場。照片展示了瑪麗亞・特蕾莎的狩獵城堡－奧格騰宮的晚餐餐具組。

工房內設有瓷器博物館，展示了從成立時期到現代，各種悠久歷史和文化的瓷器，以及各個時代的相關資料。

Viennese sweets column 07

甜點中不可或缺的維也納水果

代表維也納糕點的蘋果酥皮卷Apfelstrudel（P70）是一種用烤過的蘋果包裹在薄酥皮中的甜點，在奧地利，水果常被廣泛使用在糕點製作中。

杏桃（Marillen）也是奧地利的特產。位於維也納以北世界遺產的多瑙河谷，以杏桃的產地而聞名，甚至受到原產地標誌認證的保護。杏桃果醬不僅是早餐的常見選擇，還經常用於糕點，如狂歡節炸甜甜圈Faschingskrapfen（P130）等。

夏天時，超市和市場經常可以看到葡萄和醋栗。葡萄的品種繁多，價格比日本更實惠，味道又甜又好。醋栗生吃有點酸，但在奧地利，人們喜歡直接食用或製作果醬。紅色的醋栗（Currant）和鵝莓（Gooseberry）都是很受歡迎的種類。

最後，不可忽視的是洋李（Zwetschge）。從夏天到秋天，店裡會擺滿使用當季洋李製作的蛋糕和麵包。Zwetschgenkuchen洋李蛋糕（P46）就是其中之一。洋李果醬被稱為Povidl（P207），也是製作糕點時常用的材料。

除了新鮮水果之外，果乾、糖漬果以及各種堅果和栗子等，也是製作糕點不可或缺的材料。

（上到下）來自提洛地區（Tirol）的蘋果©奧地利政府觀光局 / Markus Platter
多瑙河谷的杏桃©奧地利政府觀光局 / Gregor Semrad
鵝莓（西洋醋栗）© W.J.Pilsak
紅色醋栗© Lukas Riebling

Part

3

Fermentierte Süßigkeiten

發酵糕點

據說源自奧地利的發酵糕點
是維也納的獨特風味

在維也納的糕點中，經常使用酵母發酵的麵團和酥皮。法語中將這類糕點稱爲「Viennoiserie」，意思是「維也納式」。丹麥麵包在當地也稱爲「Wienerbrød」（維也納的麵包），而發源地據說是奧地利。

罌粟籽麵包卷

Mohnstrudel

罌粟籽的餡料像漩渦一樣捲起

在延展開的酵母麵皮上，加入豐富的罌粟籽內餡（Mohnfüllung），就像製作酥皮卷（Strudel）一樣，從邊緣捲起形成螺旋狀。

Mohn即爲罌粟籽之意。罌粟自公元前就被栽培，且自古以來一直被用作藥材和食材。這種含有罌粟籽內餡的糕點不僅在奧地利，還在匈牙利、波蘭、捷克等地受歡迎，經常食用。

在使用罌粟籽製作糕點的地區，已經可以在超市等，方便地購得以罌粟籽製成的罌粟籽醬（Poppy seeds paste）。在日本沒有販售，因此您可以嘗試混合其他材料製作。抹在吐司上也非常美味。如果覺得甜度不足，除了蜂蜜之外也可以加入一些砂糖。

罌粟籽麵包卷（20cm磅蛋糕模2個）

材料

Hefeteig（酵母麵團）

麵粉……250g
（混合低筋麵粉200g和高筋麵粉50g）
牛奶……125cc
砂糖……25g
奶油……50g
乾酵母……5g
雞蛋……1/2個
鹽……2g
檸檬皮（磨碎）……1顆

Füllung（內餡）

奶油……15g
罌粟籽……100g
葡萄乾……20g
蛋糕碎……50g
牛奶……40cc
蜂蜜……1小匙

＊若沒有蛋糕碎，可用麵包碎50g，混合2大匙糖替代。

製作方法

Hefeteig（酵母麵團）

1. 把牛奶30cc加熱至人體肌膚溫度，加入少量砂糖和酵母溶解。加入少量麵粉，搓揉成小團狀，製成中種（中種法）。
2. 放在溫暖處發酵。表面撒上麵粉，等到出現裂縫並產生氣泡時，表示發酵完成。
3. 將剩餘的牛奶、砂糖、融化的奶油、雞蛋、鹽、檸檬皮碎和剩餘的麵粉混合入2，揉成一個不黏手的麵團。
4. 麵團靜置發酵30分鐘，排氣後用擀麵棍擀成40×30cm的長方形。

Füllung（內餡）

1. 把奶油攪拌成軟膏狀，加入其他材料混合均勻。

完成

1. 把內餡均勻地塗抹在擀開的麵團上，從邊緣捲起成螺旋狀，切成兩半，放入模型中發酵30分鐘。
2. 以180℃的烤箱中烘烤25分鐘。

辮子麵包

Bürgermeisterstollen

一種典型維也納風味餡料的丹麥麵包

在Plunderteig（丹麥麵團）中，加入了3種維也納的經典內餡：Mohn（罌粟籽）、Topfen（新鮮乳酪）、杏仁膏。將丹麥麵團擀成大片，均分成三等分，然後分別加入不同的內餡，捲成長條狀再編成3股辮子。只要操作得當，80%就完成了。等到烘烤完成後，切開的瞬間正是品味這款糕點的樂趣所在。

奧地利的酪農區域以製作乳酪而聞名，從硬質到新鮮，各種類型的乳酪應有盡有，成爲料理和點心不可或缺的材料。從牛奶製成的Topfen是一種奧地利獨特的新鮮乳酪，深受哈布斯堡家族的喜愛。它與德國的乳酪Quark相似，但質地輕盈而濃郁。在奧地利，Topfen乳酪被廣泛應用於各種料理，包括Knödel麵球、Strudel酥皮卷、蛋糕和麵包等。由於在日本難以取得，可使用乳酪或奶油乳酪等作爲替代。

辮子麵包（25cm磅蛋糕模）

材料

Plunderteig（丹麥麵團）⋯⋯350g

杏仁膏（Marzipan）Füllung（內餡）

杏仁膏⋯⋯150g
奶油⋯⋯60g
低筋麵粉⋯⋯30g
全蛋⋯⋯1個，蛋黃⋯⋯1個
鹽、香草精、檸檬皮（絲）⋯⋯各少許

新鮮乳酪Füllung（內餡）

奶油⋯⋯25g　砂糖⋯⋯40g
玉米澱粉⋯⋯10g
濾水的茅屋乳酪（cottage cheese）⋯⋯125g
蛋黃⋯⋯1個　葡萄乾⋯⋯50g
香草精、檸檬皮（絲）、鹽⋯⋯各少許

罌粟籽Füllung（內餡）

罌粟籽⋯⋯100g
奶油⋯⋯15g、葡萄乾⋯⋯20g
蛋糕碎屑⋯⋯50g
牛奶⋯⋯40cc、蜂蜜⋯⋯1小匙

杏桃果醬、蘭姆酒、杏仁片⋯⋯適量
糖霜（用2湯匙糖粉加少量水調勻）

製作方法

杏仁膏內餡、新鮮乳酪內餡、罌粟籽內餡

1. 將各種內餡材料個別混合，搓成光滑狀。

1. 製作丹麥麵團（→P212）。
2. 將奶油和麵粉混合，整形成正方形。充分冷藏。
3. 將麵團擀開，包入2，再次擀開，進行三折疊1次，再進行1次四折疊。

完成

1. 將丹麥麵團350g擀成25×30cm大小。
2. 切成每條10cm寬共3條，每條中央個別用擠花袋擠出120克的杏仁膏內餡、新鮮乳酪內餡、罌粟籽內餡。
3. 將每條各別捲起，編成3股辮子狀。
4. 放入塗抹了軟化奶油的磅蛋糕模中，進行最後發酵。
5. 在200℃的烤箱中烘烤10分鐘，將溫度降至180℃，繼續烘烤10~15分鐘。
6. 烤好後塗抹杏桃果醬，增添光澤。再塗上蘭姆酒和糖霜，撒上杏仁片。

波赫特麵包
Buchteln

這是自捷克傳入，受歡迎的庶民點心

這是奧地利獨特的酵母點心，將Povidl（洋李煮成的果醬）包裹在Hefeteig（酵母麵團）中，然後每個浸泡在融化的奶油中，再排列入模具內。發酵後，與模具等高，烤好後看起來像是一整個麵包，但內部的果醬保持完整，每塊麵包都能乾淨地剝開。有點像日本古老的三色麵包，可以搭配卡士達（Custard）享用。

除了洋李果醬外，也可以使用罌粟籽醬、巧克力、奶油乳酪等作爲內餡。在十九世紀初的比德邁爾Biedermeier※時期，有一家旅館將彩票代替果醬填充在麵包內販售，成爲維也納人熱烈討論的話題，據說迅速熱銷。

最初這是從波希米亞（捷克）傳入的點心。在哈布斯堡王朝時期，許多捷克人爲了尋找工作而搬到維也納居住。那時的移民們或許一邊思念著故鄉，一邊品嚐這道點心。

※ 在不穩定的時代，人們更傾向於簡單而質樸的事物，而非華麗的東西，統稱為「小市民文化」。

波赫特麵包（7小塊、25cm磅蛋糕模）

材料

Hefeteig（酵母麵團）
麵粉……250g
（低筋麵粉200g，高筋麵粉50g）
牛奶……125cc
砂糖……25g
奶油……50g
酵母……5g
雞蛋……1/2個
鹽……2g
檸檬皮……1個

洋李果醬（Povidl）
……約50g（1小匙＝7克×7份）
融化奶油……適量
卡士達（Custard）……適量
糖粉……適量

製作方法

1. 分割酵母麵團（→P212）每個30~40g，揉成圓形。
2. 擀開成橢圓形，每個麵團中央擠上1小匙的洋李果醬，將四個角摺疊包起。
3. 浸泡在融化的奶油中，然後放入模具內。
4. 進行最終發酵（40分鐘），在180°C的烤箱內烘烤約25~30分鐘。
5. 裝盤，可搭配卡士達（→P216），篩上糖粉享用。

彎曲果仁卷

Nussbeugel

充滿果仁的內餡，帶有濃厚的風味

這是一款使用名爲「Beugelteig」的酵母麵團，是一種傳統的烘焙點心，內含「Nussfüllung（果仁內餡）」，使用了罌粟籽、堅果、果乾等。特色是在表面烘烤時形成細微的裂紋。

「Nuss果仁」指的是堅果和核桃，而「Beugel曲線」意爲「彎曲」。將果仁內餡包裹成長條狀後，可以彎曲兩端，如同螃蟹的鉗，或者整體彎曲成較粗的形狀，總之，這是一種需要彎曲塑形的點心。在鄰近的瑞士有一款油炸的糕點叫做「女性的大腿（Damen-Schenkel）」，而我暗中將這款Nussbeugel稱爲「維也納版大腿」。嚐一口，你會感受到像月餅般熟悉的味道，非常適合搭配咖啡或者日本茶。

彎曲果仁卷（20個）

材料

Beugelteig（酵母麵團）

牛奶……60~65cc
酵母……10g
低筋麵粉……250g
砂糖……30g
奶油……50g
豬油……50g
蛋黃……1/2個
鹽、檸檬汁……適量

Nussfüllung（果仁內餡）

牛奶……60~65cc
砂糖……50g
蜂蜜……20g
核桃粉……100g
蛋糕碎……50g
奶油……30g
肉桂、檸檬汁、綠檸檬汁……各少許
全蛋……1個
蛋黃……1個

完成

全蛋……1個
蛋黃……1個

製作方法

Beugelteig（酵母麵團）

1. 在冷牛奶中溶解酵母。
2. 將剩餘的材料加入1中，揉成稍微堅實的麵團。
3. 將麵團搓揉成圓形，靜置15分鐘，進行發酵。

Nussfüllung（果仁內餡）

1. 煮沸牛奶、砂糖和蜂蜜，倒入碗中。
2. 加入剩餘的材料，充分混合後裝入擠花袋內備用。

完成

1. 把酵母麵團搓成長條狀，分成20等份。
2. 搓成球狀，再壓扁成橢圓形，用擠花袋擠入果仁內餡。
3. 捲成雪茄形狀，封口朝下排列在烤盤上，整理成彎曲的形狀。
4. 用一個全蛋和一個蛋黃混合均勻，刷在3的表面共2次。
5. 放入冰箱冷藏，再次整理形狀後，在180°C的烤箱中烘烤約25分鐘，直到呈現深褐色。

狂歡節炸甜甜圈

Faschingskrapfen

在齋戒前吃的油炸甜甜圈

甜甜圈有兩種製作方式，一種是用酵母麵團油炸，另一種是用泡打粉使麵團膨脹後油炸。酵母麵團的「Krapfen甜甜圈」是鬆軟蓬鬆的，對我來說是第一次品嚐到的美味甜甜圈。

由於天主教在復活節前會進行齋戒，因此有一種在狂歡節前盡情享用美食的習慣。在這個時候，歐洲許多地區都會吃油炸甜甜圈，大約在一月中旬至二月左右的狂歡節時期，維也納的各種甜甜圈（Krapfen）也會出現在店內銷售。與Krapfen完全相同的甜點，德國的「Berliner Pfannkuchen（柏林果醬甜甜圈）」非常有名。

帶有奶油或巧克力塗層，鮮豔多彩的甜甜圈擺放在店裡，真的很有狂歡節的感覺，讓人興奮。但是只有果醬的甜甜圈（Krapfen）現炸的美味格外突出。

將果醬包在甜甜圈麵團中，進行最後發酵，然後用大量的油慢慢炸（在炸的過程中要防止果醬溢出）。如果擔心溢出，也可以選擇在麵團中不加果醬，炸好後再用注射器注入。

狂歡節炸甜甜圈（6個）

材料

牛奶……80cc
低筋麵粉……200g
酵母……5g
砂糖……20g
蛋黃……2個
鹽……1撮
蘭姆酒……1小匙
奶油……30g
杏桃果醬……適量
糖粉……適量
香草糖……適量

製作方法

1. 把牛奶的一半加熱到約30℃，加入酵母、少許砂糖和少量低筋麵粉，製作中種。
2. 在1中種發酵的同時，混合剩餘的砂糖、鹽、蘭姆酒和蛋黃。
3. 剩餘的低筋麵粉放置在室溫，並將奶油融化。
4. 在發酵好的中種內加入混合好的2，然後加入3的低筋麵粉與奶油，充分揉至光滑。
5. 用保鮮膜覆蓋發酵30分鐘。

完成

1. 在撒有手粉（分量外）的工作檯面擀出10mm厚的麵團。
2. 使用直徑6cm的圓形切模切割麵團。
3. 在其中一半的麵團上加入約1小匙的杏桃果醬，然後蓋上另一片麵團，將邊緣壓合在一起。放在廚房紙巾上，在溫暖的地方發酵約15分鐘。
4. 用170℃的油兩面油炸5~6分鐘。
5. 篩上糖粉，完成。

烤甜甜圈

Dampfnudeln

以甜甜圈麵團再利用製成的溫和風味

這個點心是我在維也納的學校裡學到，利用前一頁的狂歡節炸甜甜圈（Krapfen）剩下的麵團製作。在狂歡節時期，任何店鋪都會製作大量的甜甜圈，因此這個點心應該是因麵團剩餘而誕生。當然，也有可能一開始就是爲了製作這個點心而將麵團增量。

這款像柔軟麵包一樣溫和的甜點，在家庭中也很受歡迎。像Buchteln波赫特麵包（P126）一樣，每個都浸泡一下奶油，再排放進淺瓦楞紙狀的容器中烘烤。一般會搭配卡士達。充分浸透了奶油，搭配卡士達或水果醬，味道與甜甜圈有所不同，也十分美味。

搭配蘭姆酒的卡士達，濃濃地淋在上面享用。

烤甜甜圈（13cm圓模1個）

材料
牛奶……80cc
低筋麵粉……200g
酵母……5g
砂糖……20g
蛋黃……2個
鹽……1撮
蘭姆酒……1小匙
奶油……30g

融化奶油……適量

卡士達……適量

製作方法
1. 將甜甜圈（Krapfen）的麵團（→P131）擴展到1.5cm厚，用直徑2~3cm的圓形壓模切割。
2. 將麵團浸泡在融化的奶油中，再排列在塗抹了軟化奶油（分量外）的模具內。發酵20~30分鐘，以約180°C的溫度烤約15~20分鐘。
3. 每次取出4~5個，盛在盤子，淋上卡士達（→P216）。也可以搭配杏桃果醬享用。

發酵式咕咕霍夫

Gerührter Gugelhupf

瑪麗·安東妮喜愛的傳統點心

在日本被稱爲「Gugelhupf 咕咕霍夫」，是維也納的傳統點心。爲了使熱度更容易均勻通過，通常使用中央有孔洞的咕咕霍夫模型進行烘焙。這種獨特形狀的咕咕霍夫模甚至在古羅馬的遺址中發現，顯示歷史悠久。從中世紀開始，在歐洲各地區有各種不同的變體，是婚禮、慶祝節日等慶典中不可或缺的點心。它在十五世紀就已經在奧地利製作，到十六世紀已然成爲特色甜點，甚至在1581年馬克斯·倫普特（Markus Rumpolt）的《Ein new Kochbuch 新料理書》中也有記載。

據說「Gugel」源自頭巾，而「Hupf」則源自德語的酵母，但在十八世紀之前，它並不是使用麵包酵母，而是使用奧地利和波蘭的啤酒酵母製作。

現在有兩種常見的Gugelhupf咕咕霍夫，一種是像麵包一般發酵的；另一種是以咕咕霍夫模型烤製的奶油蛋糕。

咕咕霍夫也深受哈布斯堡家族的喜愛。瑪麗·安東妮（Marie Antoinette）嫁給法國王室後，她喜歡在早餐時食用咕咕霍夫。同樣，皇帝法蘭茲·約瑟夫（Franz Josef）在度假勝地－巴德伊舍（Bad Ischl），與愛人卡塔琳娜·施拉特（Katharina Schratt）一起散步時，也有在早晨品嚐咕咕霍夫的故事。「施拉特·Gugelhupf」被記錄在巴德伊舍的糕點店「Zauner」的出版物中。

咕咕霍夫是早餐搭配熱咖啡的完美點心，在比德邁爾Biedermeier時期，咕咕霍夫變成了維也納咖啡館必不可少的存在。

除了製作成奶油蛋糕形狀的咕咕霍夫外，還製作了各式各樣的款式，常見的是加入可可麵糊製成大理石紋，撒上糖粉或用糖霜裝飾。雖然簡單卻與咖啡相得益彰，並且保存期較長，因此也是一份受歡迎的伴手禮。

如同王冠形狀的Gugelhupf模。

（請見次頁）

咕咕霍夫
Gugelhupf

這是一個不使用酵母，製作簡單以咕咕霍夫模型烤製的奶油蛋糕

咕咕霍夫（800cc咕咕霍夫模1個）

材料

奶油……200g
砂糖……200g
雞蛋……4個（分開蛋黃和蛋白）
低筋麵粉……200g
泡打粉……5g
檸檬皮（刮成絲）……1個份量
可可粉……1大匙
蘭姆酒……1大匙

製作方法

1. 將低筋麵粉和泡打粉混合在一起。用蘭姆酒將可可粉溶解。
2. 在奶油中加入一半的砂糖，充分攪拌。加入蛋黃和絲狀的檸檬皮，繼續攪拌。
3. 在2中加入一半的低筋麵粉攪拌均勻。
4. 以另一個鋼盆將蛋白打成8分發，加入剩餘的砂糖繼續打發，然後加入3中。
5. 在4中加入剩餘的低筋麵粉拌勻。取出1/4的量，加入溶解的可可糊調成巧克力色的麵糊。
6. 在烤模中將兩種麵糊交錯放入，以170℃的烤箱烤30~40分鐘。

發酵式咕咕霍夫 （→P135）
Gerührter Gugelhupf

使用酵母進行發酵，傳統風格的咕咕霍夫

發酵式咕咕霍夫（添加酵母）（18cm模型1個）

材料

中種

牛奶……60cc
砂糖……少許
乾酵母……15g
高筋麵粉……60g

麵團

奶油……90g
糖粉……75g
香草籽……少許
鹽……少許
檸檬皮（刮成絲）……1個
蛋黃……2個
全蛋……1個
高筋麵粉……170g
葡萄乾……40g
橙皮……10g

杏仁片……適量

融化奶油……適量
糖粉……適量

製作方法

中種

1. 把牛奶溫暖至體溫，撒入砂糖和乾酵母，充分攪拌直至溶解。
2. 加入高筋麵粉揉成圓球狀。
3. 放入約40℃的溫水中，等待中種浮到表面。

麵團

1. 奶油打成軟膏狀，加入糖粉、香草籽、鹽、檸檬皮絲，充分攪拌。加入蛋黃和全蛋。
2. 加入高筋麵粉和中種，揉至光滑。
3. 用濕布蓋好，發酵約30分鐘，至約2倍大。
4. 加入葡萄乾和切碎的橙皮，輕輕揉搓。
5. 在烤模內塗抹軟化的奶油（分量外），撒入杏仁片貼合在模型內側，將4的麵團填入模型約高1/3。
6. 再次用濕布蓋好，發酵約30分鐘。當麵團發酵至模型2/3高時，放入預熱至200℃的烤箱中烤約20分鐘。
7. 烤好後脫模，塗抹融化奶油，可篩上糖粉，也可以選擇搭配打發的鮮奶油享用。

花環麵包

Kranzkuchen

用麵團編織成花環狀的丹麥麵包

這是一種起源於波蘭等東歐猶太文化的編織麵包，在瑞士、德國等地也很受歡迎。「Kranz」的意思是花環或王冠，源自編織的麵團會形成一個像花環般的圈狀，這一說法認為形狀如花環或王冠寓意著聯繫，象徵著幸運和健康。因此，在德國，類似的麵包被稱為「Neujahrskranz」，被當作慶祝新年的麵包食用。

奧地利的花環麵包(Kranzkuchen)使用丹麥麵團(Plunderteig)，捲上核桃內餡，將捲好的麵團縱向切開，然後交叉編織，最後形成一個類似王冠的形狀進行烘烤。烘烤完成後，塗抹上Marillenmarmelade杏桃果醬(在奧地利，杏桃被稱為Marillen)，或者塗上蘭姆酒糖霜作為最後的裝飾。如果製作成較大的尺寸，會顯得非常豪華，讓人想要送禮。你還可以在核桃內餡中加入果乾，或者用巧克力塗層替代糖霜，有很多不同的變化可以嘗試。

花環麵包(20cm1個)

材料

Plunderteig(丹麥麵團)……1/2份

Füllung(內餡)
粗切的核桃……125g
砂糖……50g
蛋糕碎……30g
牛奶……50cc
蘭姆酒……1小匙

糖霜……適量

製作方法

1. 將內餡的材料混合在一起備用。
2. 將丹麥麵團(→P212)擀成50×30cm的長方形，輕薄地塗抹1，並從邊緣開始捲起，形成圓柱狀(從較長的一側橫向捲起)。
3. 將2縱向切成一半，切面朝上將兩條編織在一起。
4. 將3的兩端接合固定成環狀，放在烤盤上，進行10~30分鐘的最後發酵。
5. 預熱至200℃的烤箱中烘烤10分鐘，然後將溫度降至180℃，再烘烤10~15分鐘。
6. 烘烤完成後，用刷子迅速刷塗上糖霜。

薩瓦蘭（梅特涅鳳梨）

Savarin (Ananas à la Metternich)

充滿櫻桃白蘭地的經典點心

從Kugelhopf咕咕霍夫轉變爲Baba巴巴的點心，於十九世紀中期在巴黎由備受歡迎的朱利安兄弟糕點店進一步改造，並由法國著名的法學家兼美食家一布里亞－薩瓦蘭Jean Anthelme Brillat-Savarin（1755年~1826年）而命名爲「Savarin薩瓦蘭」。換句話說，咕咕霍夫、巴巴和薩瓦蘭都屬於同一系列的糕點。

梅特涅（Metternich）因電影《Der Kongreß tanzt會議謾舞》而聞名，維也納的知名點心「Sachertorte薩赫蛋糕」也成爲世界上最著名的巧克力蛋糕，但與梅特涅有關的點心還包括使用鳳梨的薩瓦蘭，據說薩瓦蘭也是他喜愛的糕點。

梅特涅出生於貴族之家，曾在史特拉斯堡（Strasbourg）和美茵茲（Mainz）的大學學習歷史、政治和法學，並迎娶了奧地利總理考尼茨公爵（Kaunitz）的孫女，隨後進入政界。作爲外交大臣，他在1814年至1815年的維也納會議中擔任主席，然後成爲奧地利的總理。據傳他是一位外表英俊，充滿品味的人物。

薩瓦蘭（梅特涅鳳梨）（7cm薩瓦蘭模10個）

材料

薩瓦蘭麵團

牛奶……25cc
乾酵母……5g
高筋麵粉……125g
雞蛋……2顆
鹽……1小撮
奶油……50g
砂糖……15g

櫻桃白蘭地糖漿

砂糖……250cc
水……250cc
肉桂皮……1/4條
櫻桃白蘭地（Kirsch）……25~30cc

杏桃果醬……適量
鳳梨……適量
檸檬草（lemongrass）……1枝
鮮奶油……100cc
砂糖……1小匙

製作方法

薩瓦蘭麵團

1. 將薩瓦蘭麵團（→P213）填入塗抹了軟化奶油（分量外）的環形薩瓦蘭模的1/3高，蓋上濕布在溫暖處發酵。
2. 當麵團膨脹到8分滿時，在190℃的烤箱中烤10~20分鐘。烘烤中途如果已烤上色，則將溫度降至170℃，直到中心熟透。
3. 製作櫻桃白蘭地糖漿。將砂糖和水放入鍋中攪拌並加熱，加入肉桂皮，沸騰後持續加熱2~3分鐘。
4. 離火，加入櫻桃白蘭地攪拌，蓋上蓋子靜置備用。
5. 將剛烤好的2放入4中浸泡，飽含糖漿後取出放在網架上瀝乾。
6. 外層塗抹杏桃果醬，在凹陷處撒上砂糖，擠上打發的鮮奶油，放上切塊的鳳梨，裝飾檸檬草。

堅果月牙酥

Nusskipferln

歐洲深受歡迎可頌的原型是什麼呢？

被認爲是可頌起源的，是奧地利的Kipferl（月牙酥）。Kipferl和可頌都是「新月」的形狀。爲什麼它們是新月形？有3個常見的說法。一個是源於奧斯曼帝國的旗幟，因爲奧地利曾是奧斯曼帝國的宿敵。第二種解釋是模仿天主教僧侶服飾的領子形狀。第三種則是源於三大古文明的發源地－底格里斯和幼發拉底兩河流域的地形，就是新月形。

然而，在這些傳說出現之前，奧地利原本就有一種名爲「Kipferl」新月形的麵包，它的名字原意是指牛角或山羊角。事實上，當瑪麗·安東妮（Marie Antoinette）嫁入法國時，隨行的糕點師將這種麵包傳入法國，並演變成現在的可頌。

在法國，含有奶油和雞蛋的甜點麵包被稱爲Viennoiserie（維也納麵包），並獲得人們的喜愛。在奧地利，糕點和酵母點心有時作爲「Mehlspeise使用小麥粉製成的料理」的一部分，被當作餐食享用。Kipferl月牙酥也是咖啡館的經典菜單之一。

堅果月牙酥（5個）

材料

Plunderteig（丹麥麵團）
……1/2份（→P212）

Füllung（內餡）
核桃……60g
砂糖…… 30g

全蛋……1/2顆（預先打散）

製作方法

1. 將內餡中的核桃碾碎，與砂糖混合。
2. 丹麥麵團擀成3mm厚，展開至17×36cm大小。將其切成底邊12cm、高17cm的三角形，塗抹蛋液在表面，然後二面都蘸上內餡，再從底邊向上捲起。
3. 在190℃的烤箱中烘烤12分鐘，然後將溫度降至約180℃，再烤5分鐘。

復活節麵包

Osterpinze

讓復活節的氛圍更濃厚的春季麵包

Osterpinze是復活節時吃的一種有切口的圓形麵包。復活節來臨時，它會出現在每家麵包店中，此時還會有很多雞蛋和雞形狀的點心，營造出熱鬧的春季氛圍。

「Oster」意味著復活節，而「Pinze」則是指用剪刀剪的意思，將麵團搓成圓形，並在中央稍微壓一下，然後用剪刀切開。這種麵包有許多變化，有些表面會撒大顆粒的鹽，有些在中央放上蛋，呈現多樣的風味。

使用帶有茴香籽和檸檬香氣的牛奶，所以香氣濃郁，由於含有蛋黃和奶油，所以即使單吃也很美味，但也可以塗上奶油，夾上火腿，或搭配果醬享用。

復活節麵包（6個）

材料

牛奶（人體肌膚溫度）……100cc
高筋麵粉……250g
乾酵母……5g
砂糖……40g
蛋黃……2顆
香草油……少許
檸檬皮（磨碎）……1顆
茴香籽……1小匙
融化的無鹽奶油……50g
鹽……2.5g

製作方法

1. 製作中種。在一半份量的牛奶中加入乾酵母，充分攪拌均勻。逐漸加入1/3的高筋麵粉，同時加入少量砂糖。充分攪拌至有黏性，表面撒上少許高筋麵粉，進行發酵。當表面的粉末出現裂痕時，表示發酵完成（約15分鐘）。
2. 在剩餘的牛奶中加入檸檬皮碎和茴香籽，備用。
3. 在碗中放入中種，加入2的牛奶、蛋黃、香草油和剩餘的高筋麵粉，開始揉麵。保留少許牛奶，調整麵團的硬度。硬度大致以耳垂的硬度為標準。
4. 加入融化的奶油和鹽，充分揉搓後，用保鮮膜覆蓋，發酵至兩倍大小（約50分鐘）。
5. 分割成6等份，搓揉成圓形，以35°C發酵30分鐘。
6. 在表面用剪刀剪出十字切口，放入180°C的烤箱中烤約15分鐘。

蛋白霜酥皮卷

Schaumrollen

經過充分烘烤的派皮和蓬鬆的蛋白霜

這是將丹麥麵團捲成圓筒形，經過烤箱烘烤後填入柔軟蛋白霜的甜點。

「Schaum」的意思是泡沫，填入輕盈香草風味的蛋白霜。酥脆的酥皮和蓬鬆的蛋白霜搭配得宜，新鮮美味。

由於丹麥麵團是捲在模具外烘烤，爲了充分烤透，以充足的時間烘烤是關鍵。

在日本，有許多類似Cornet圓筒狀的甜點，填充卡士達、鮮奶油、巧克力醬等，蛋白霜不太常見，但我認爲這一款最美味。

蛋白霜酥皮卷（10~12個）

材料

Plunderteig（丹麥麵團）
……1/2份（→P212）
打散的蛋液（雞蛋）……適量

蛋白霜
蛋白……2個
砂糖……120g
香草油……適量

製作方法

Plunderteig（丹麥麵團）（→P212）

1 擀開丹麥麵團，切成3mm厚、3cm寬的長方片狀，捲在圓筒形（長12cm）模具外。
2 在1的麵團上塗抹打散的蛋液，放入190℃的烤箱中烤15~20分鐘。烘烤完成後，立即扭轉圓筒形模具輕輕抽出，待涼。
3 製作蛋白霜。將蛋白加入砂糖，下墊60℃的熱水，用手持電動攪拌器攪打。從熱水中取出，繼續攪打，直到呈現光澤且挺立的泡沫狀，然後加入香草油拌勻。
4 將3裝入擠花袋，擠入冷卻的2中。

穿著睡袍的蘋果
Äpfel im Schlafrock

將整顆的蘋果美味地包裹在酥皮中

這是在奧地利和德國經常製作的知名糕點，通稱「穿著睡袍的蘋果」。Schlafrock被翻譯爲睡袍或晨縷。

利用酥皮如同外套將新鮮蘋果包裹起來，然後切下細長的酥皮緊緊密封。如果這個封口不夠牢固，烘烤時睡袍可能會裂開。

挖掉新鮮蘋果的果核，將葡萄乾填入底部，然後按照順序加入細砂糖、奶油和肉桂粉，這個順序很重要。在烘烤的過程中，奶油和細砂糖會融化，葡萄乾吸收濕氣，與烤軟的蘋果混合，讓味道更美味。建議蘋果使用較小的紅玉品種。

酥皮和蘋果的組合在美國的「Apple pie」，和法國的「Allumette aux pommes」等都有，但用酥皮將整顆蘋果包裹並烘烤的「穿著睡袍的蘋果」美味獨具。搭配鮮奶油或冰淇淋一起享用，味道更上一層樓，請嘗試一下。

穿著睡袍的蘋果（5個）

材料

Plunderteig（丹麥麵團）
…… 全量（→P212）

蘋果（紅玉）……5個
細砂糖……1小匙×5個
葡萄乾……12g×5
奶油……2g×5
肉桂粉……少許
蛋黃加少許水混合……適量

製作方法

1. 將蘋果削皮，挖去果核，每個蘋果內放入葡萄乾12g、1小匙的細砂糖、2g的奶油、少量肉桂粉。
2. 擀開丹麥麵團，1顆蘋果需要裁成每個尺寸為16×16cm的正方形1片，以及寬度為1.5cm的長方條2條，如果還有多餘的麵團，可以用小菊花模型製作5朵花和10片葉子。
3. 在麵團重疊的部分塗抹少量蛋黃水，用2的正方形麵團包裹1的蘋果。
4. 用2的長方條從底部向上交叉固定，頂部加入2的1朵花和2片葉子，用筷子在上面刺出氣孔，然後放入冰箱靜置。共製作5個。
5. 將剩餘的蛋黃水均勻塗抹在整個麵團上，然後在190°C的烤箱中烤約30~40分鐘。

乳酪酥皮包
Topfengolatschen

裹有乳酪的酥皮麵包

「Topfen」在奧地利古老的詞彙中指的是白乳酪，而「Golatschen」在捷克語中則是指「糕點」的意思。這款被稱爲「Bohemian Collage」的點心，據說是一種傳統的糕點，常在狂歡節和假期食用。由於女皇瑪麗亞·特蕾莎（Maria Theresia）也是波西米亞的女王，因此她似乎經常享用波西米亞的點心。同時，這種點心據說也是當時維也納受歡迎的點心之一。

乳酪酥皮包是一種以Topfen乳酪、糖、葡萄乾和檸檬爲主材料，用Plunderteig（丹麥麵團）包裹成方形後烘烤的酥皮麵包。如果內餡過於軟，可能會在發酵或烘烤過程中從縫隙中流出，因此確保內餡較爲堅實是關鍵。

這種點心在日本也很受歡迎，適合當點心或正餐。然而，在維也納當地，這種點心的尺寸之大（依據我的個人觀點和偏見），可能會讓人猶豫是否將其視爲點心。

乳酪酥皮包（4個）

材料

Plunderteig（丹麥麵團）
…… 1/2份（→P212頁）

Füllung（內餡）
Cottage乳酪 …… 125g
糖粉 …… 30g
香草油 …… 少許
檸檬皮（磨碎）…… 1/2個
蛋黃 …… 1/2個
葡萄乾 …… 15g

打散的蛋液（全蛋）…… 適量

製作方法

1. Cottage乳酪攪拌至軟，然後將所有內餡材料充分混合。
2. 將丹麥麵團擴展擀到3mm的厚度，切成18cm的正方形，加上1的內餡後，折疊四邊。將剩下的麵團切成2cm的小方塊，放在中央裝飾。製作共4個。
3. 放在烤盤上，發酵約30分鐘。
4. 在表面塗抹打散的蛋液，放入190°C的烤箱中烤15~20分鐘。

葡萄乾蝸牛卷

Marillenschnecken

蝸牛殼形狀的丹麥酥皮點心

Marillenschnecken是日本麵包店中非常熟悉的丹麥點心。其實，丹麥酥皮點心的意思就是丹麥的麵包。在法國被稱爲「Gâteau Danois（丹麥風甜點）」，在德國被稱爲「Dänische Brönden（丹麥的麵包）」，在任何一個國家都以丹麥爲名。但在丹麥本土卻被稱爲「Viennoiseries（維也納的麵包）」，這是爲什麼呢？

事實上，丹麥酥皮點心最初起源於奧地利的維也納，後來傳入丹麥，經過這個乳製品王國獨特的使用大量奶油和雞蛋的改良，變成了今天的丹麥麵團。這種點心再經由德國傳播到世界各地。

「Schnecken」的意思是「蝸牛」，它是由夾了杏仁和蘋果葡萄乾的酥皮麵團捲成螺旋狀而得名。在麵團中加入卡士達會使其更加美味。在法國，這被稱爲「Pain aux raisins葡萄乾麵包」或「Escargot蝸牛卷」，是我最喜歡的丹麥點心。

葡萄乾蝸牛卷（10個）

材料

Plunderteig（丹麥麵團）
……1/2份（→P212）

杏桃果醬……5大匙
浸泡蘭姆酒的葡萄乾……50g

製作方法

1 丹麥麵團擴展擀至3cm厚，裁成30×30cm的大小。將一半果醬塗抹在整個麵團上。
2 在1的表面均勻撒上浸泡蘭姆酒的葡萄乾，從邊緣捲成圓筒狀，切成1~2cm寬的塊，放在烤盤上進行最後發酵約30分鐘。
3 在190~200℃的烤箱中烘烤約15分鐘。
4 烤好後，將剩餘的果醬加熱後塗抹在蝸牛卷上，完成。

水果酥皮

Früchteplunder

爲什麼在丹麥的酥皮點心被稱爲「Viennoiseries維也納的麵包」

「Früchte」是指水果，在日本也常見加了水果的丹麥酥皮點心。

將切成方形的酥皮麵團塗上杏桃果醬，將兩端向內摺疊。在烘烤後冷卻，然後加上喜好的水果等。根據季節更換水果，可以享受各種口味的變化，也可以搭配鮮奶油一同享用。非常適合早餐或下午茶。

這樣的甜美的酥皮點心在丹麥被稱爲「Viennoiseries維也納的麵包」。據說在十九世紀中葉，哥本哈根的麵包師傅們發起罷工時，爲了不讓生產停擺，不得不從外國聘請麵包師傅。當時從維也納來的師傅們帶來了充滿奶油的甜點麵包，就演變成現在的丹麥酥皮點心。

水果酥皮（4個）

材料

Plunderteig（丹麥麵團）
…… 1/2份（→P212頁）

杏桃果醬……2大匙
打散的蛋液……適量
鮮奶油或糖霜……適量
藍莓……12顆
草莓……2顆
薄荷葉……4片

製作方法

1 擴展擀開丹麥麵團，切成12~13cm的正方形。
2 塗抹杏桃果醬，摺疊兩端。
3 在約40°C的溫度下發酵約30分鐘，全體塗上打散的蛋液，放入190°C的烤箱中烤約15分鐘。
4 等3冷卻後，在中央擠上少量的鮮奶油或糖霜，加入藍莓、草莓或其他喜好的水果，最後裝飾薄荷葉。

Viennese sweets column 08

四旬節和慶祝基督復活的復活節

在天主教國家奧地利，慶祝基督復活的復活節（Easter）又稱逾越節，是與聖誕節同樣重要的日子。由於它是移動的宗教節日，因此每年的日期都不同，但通常在3月末到4月末的星期日慶祝。

在復活節之前有為期46天的準備期，被稱為四旬節。四旬節的開始是在星期三，被稱為「Aschermittwoch聖灰禮儀日、聖灰星期三」，從這天到復活節的前一天，人們要遵守禁食，靜靜地祈禱懺悔。

四旬節之前，還有一個被稱為「Fasching」的狂歡節。古時的基督徒在四旬節期間實行非常嚴格的飲食限制，禁止食用肉類、蛋類和乳製品等。因此，在四旬節前，人們習慣豐盛享用美食，歡度狂歡節，這種風俗一直延續至今。

在這個時期，在奧地利吃的甜點是被稱為「Faschingskrapfen（P130）」的狂歡節炸甜甜圈。在狂歡節的高潮，即最後一天的星期二，有一種習慣是享用高熱量、油脂豐富的甜點，這在歐洲各國都很普遍，還有Berliner Pfannkuchen柏林果醬甜甜圈、法國的Beignet貝涅餅、波蘭的Pączki甜甜圈等等都很有名。

此外，從年末到狂歡節期間，正好是維也納的舞會季節，每年有450多場舞會舉行。在維也納，各行各業的協會都會自行舉辦舞會，如維也納的煙囪清潔工舞會和糖果商協會主辦的糖果舞會（Bonbon Ball）等。

距離復活節約二週左右，城市的各處都會開設復活節市集（Ostermarkt），攤販展示著色彩繽紛、美麗設計的復活節彩蛋、傳統工藝品、以及形狀像兔子的巧克力等美味食物。象徵多產和春天的兔子，與代表新生命的蛋和小雞一起，成為不可或缺的復活節象徵。

在復活節前一周的星期日是「Palmsonntag棕枝主日」，慶祝基督騎著驢子進入耶路撒冷的日子。這一天會飾以繫有緞帶等裝飾的棕櫚樹枝（有時也會使用柳樹或蘆葦代替棕櫚）。在復活節前夕的星期四是基督最後晚餐之日，而星期五是「Karfreitag耶穌受難日」，悼念基督被釘上十字架的日子，現在仍有控制飲食、戒絕肉食的習慣。這一天，歌劇會休演，銀行、博物館和商店等也都關閉。

復活節當天的星期日，因為翌日星期一也是假日，所以很多家庭會享受傳統的美食，與家人一起悠閒度過。這時不可或缺的復活節點心是「Osterpinze復活節麵包（P144）」，有時在麵包中央的凹槽也會擺放蛋。人們會進行復活節彩蛋的裝飾，尋找復活節兔子藏起來的復活節彩蛋，還會進行互相撞蛋的競賽，看看哪一方的蛋先破裂。孩子們也會歡樂地度過這段時光。隨著復活節的來臨，維也納終於迎來春天。

美泉宮（Schönbrunn Palace）前廣場的復活節市集。©奧地利政府觀光局

○ Viennese sweets column 09

穿越時光深受喜愛的 Kipferl歷史

彎月形狀的Kipferl堅果月牙酥是奧地利代表性的傳統甜麵包。據說甚至連瑪麗·安東妮（Marie Antoinette）皇后也非常喜歡，1770年嫁給法國國王路易十六時，她甚至帶了一位維也納的麵包師到法國。這樣一來，Kipferl堅果月牙酥就傳入法國宮廷，最終演變成了現在全球流行的可頌Croissant。

十八世紀末，Kipferl甚至在維也納的咖啡館中供應，皇帝法蘭茲·約瑟夫（Franz Josef）也喜歡在早餐時享用咖啡和新鮮出爐的Kipferl。

雖然Kipferl深受人們的喜愛，但關於它採用彎月形狀的原因，有許多傳說。其中最著名的是與奧斯曼帝國軍隊在十六世紀和十七世紀兩次入侵維也納有關。

在1683年，奧地利的維也納被奧斯曼帝國軍隊圍困，一位城裡的麵包師清晨在地下室製作麵包時，聽到了奇怪的聲響，因此迅速通知盟軍，結果證明那是奧斯曼帝國軍隊為了入侵維也納而挖掘隧道的聲音。多虧麵包師的機智，維也納不僅避免被攻陷，還贏得了勝利。為了獎勵他的功勞，麵包師獲准製作以奧斯曼國旗的彎月形狀為外型的麵包，這是一種說法。還有一種有趣的說法是，為了表示「吃掉奧斯曼」，麵包師製作了彎月形狀的麵包，結果狂銷熱賣。這兩種解釋都很有趣，但都僅限於傳說。不過，這也說明了當時奧斯曼軍隊對維也納居民的威脅。

據說被視為Kipferl原型的麵包，模仿了山羊的角，相當早就存在，很可能在中世紀時由修道院製作，用作復活節等慶祝活動的糕點。1630年也有「kipfen」這個詞的記錄。

瑪麗·安東妮1769年的肖像畫（Joseph, Baron Ducreux繪）

✪ Viennese sweets column 10

Mehlspeise，
維也納獨特的小麥點心

在奧地利的咖啡館和糕點店的菜單上，有一個類別叫做「Mehlspeise」。這個詞的直譯是「（小麥）粉的食物」，是奧地利特有的料理種類，現在通常指使用穀物粉製成的甜點。然而，在很久以前，它有著不同的含義。

中世紀的天主教會對飲食有著比現代更嚴格的規定。除了四旬節外，還有一些日子禁止食用肉類和乳製品。根據時代不同，這樣的限制期間最多可達一年中的150天。因此，當時的人們在這段時間裡會盡力的想辦法在限制內享受一些美味的食物。這包括使用蜂蜜或薑製成的粥、加滿香料和新鮮水果的薯球、各種類型的餡餅和鬆餅等。在奧地利和巴伐利亞等周邊地區，到十九世紀後期，「Mehlspeise」主要指的是使用小麥等穀物粉製成，這些多樣化的料理。

隨著時代的變遷，宗教上的禁食規則逐漸緩和，對乳製品的攝取在某些程度上被允許，奧地利優質的小麥和乳製品讓糕點變得更加精緻。

從平民到上流社會，人們長期以來都把這樣的「Mehlspeise」視為肉類料理的替代主菜，甚至在哈布斯堡王朝的廚房中也設有專門的「Mehlspeise」部門，成為維也納宮廷料理中不可或缺的一部分。同時，在十九世紀的烹飪書中，專門有一個關於「Mehlspeise」的分類，例如在1806年出版，瑪麗亞·安娜·諾伊德克（Maria Anna Neudecker）的料理書－「Die Bayerische Köchin in Böhmen波希米亞的巴伐利亞廚師」中，介紹了多種食譜。

進入二十世紀，隨著宗教上飲食的制約變得不再嚴格，食用鹹味的「Mehlspeise」作為主菜的習慣逐漸減少，取而代之的是甜美的「Mehlspeise」迎合了維也納人的味蕾。現在，例如Gugelhupf（咕咕霍夫）、煎餅（Pfannkuchen）、薯球（Knödel）等，甜美的小點心和甜點都被統稱為「Mehlspeise」，成為享受「Jause（德文：點心、下午茶）」和餐後時光的美好選擇。

我的

維也納咖啡館指南

在漫長歷史下培育出，
列爲世界非物質文化遺產的維也納咖啡館

維也納的樂趣之一就是咖啡館巡禮。東京可能在數年內店鋪和街道風貌發生變化，但維也納每次造訪總是給人一種「不變」的寧靜印象。

維也納的咖啡館歷史悠久，有著與其起源相關的著名傳說。

1683年，當奧斯曼帝國第二次包圍維也納時，有一個名叫格奧爾格·弗朗茨·科爾希茨基(Georg Franz Kolschitzky)的人冒充土耳其商人，穿越敵軍封鎖線，冒險向盟軍求援。結果，維也納成功取得勝利。奧斯曼軍撤退時留下了各種物品，其中有一袋裝滿灰綠色豆子的袋子，維也納人最初以為是駱駝的飼料，實際上那是咖啡豆。為了答謝科爾希茨基，便以這些豆子作為獎賞，並獲得皇帝的許可，開設了第一家咖啡館「Zur Blaue Flasche 藍瓶」。

儘管這個故事非常有名，但似乎在此之前，維也納已經意識到咖啡的存在。

咖啡據說起源於衣索比亞，透過阿拉伯半島，於十六世紀中葉傳入伊斯坦堡，成為伊斯蘭世界廣泛飲用的飲品。咖啡文化最初傳入歐洲應該是在十七世紀初的荷蘭和義大利。據記載，在1645年維也納就將咖啡供應給奧斯曼帝國的使節團。

實際上，開設維也納第一家咖啡館的可能是一位名叫約翰迪奧達(Johannes Diodato)的亞美尼亞商人。他向皇帝取得了營業權，於1685年開設第一家咖啡館。此後，咖啡館在城裡逐漸增加，到了1770年有48家，1819年已超過150家。咖啡館成為上流社會和市民休息的場所，也成為維也納的名勝。

然而，維也納的咖啡館曾經陷入危機，那是因為法國皇帝拿破崙在1806年對英國頒布了大陸封鎖令。由於這一政策的影響，物價上漲，咖啡也變得供不應求，最終在1810年，咖啡館禁止提供咖啡。然而，隨著拿破崙的戰敗，咖啡解禁，維也納的咖啡文化再次繁榮。

維也納的咖啡館文化於2011年被聯合國教科文組織指定為無形文化遺產。當你下次造訪維也納時，請務必親自體驗，在充滿魅力的奧地利咖啡館中度過美好時光。

維也納藝術史博物館(Kunsthistorisches Museum)內的咖啡館。被譽為世界上最美麗的咖啡館之一。©奧地利政府觀光局

在欣賞完畫作後，我非常喜歡在美麗的咖啡館裡休息一下

維也納藝術史博物館內的咖啡館
Café im Kunsthistorischen Museum

我住宿的房東每天早晨都會去買奧地利特色的「Kaisersemmel凱薩麵包」，煮咖啡，然後忙碌地準備早餐。到了下午，她會換上時尚的裝扮，穿上高跟鞋，每天都神采飛揚地外出。一開始以為她要去遠行？後來才發現她其實是在附近的咖啡館享受咖啡、甜點，並與朋友閒聊。維也納的咖啡館被譽為第二個客廳，看到女性也能自由自在地享受生活，感覺很美好。

我最常去的是藝術史博物館內的咖啡館，當時由Café Gerstner經營。Café Gerstner是一家成立於1847年，奧地利皇室指定的老字號咖啡館。總店在歌劇院附近，那裡販售皇后伊莉莎白（Elisabeth）喜愛的糖漬紫羅蘭，至今仍然受到歡迎。藝術史博物館成立於1891年，陳列著哈布斯堡家族六百年來收集的龐大收藏品。這裡有深受日本人喜愛的克林姆（Klimt）、維梅爾（Vermeer）、布勒哲爾（Brueghel）等畫作。咖啡館位於畫作收藏一樓的中央，高聳的天花板，厚重的室內裝潢，氛圍無法用言語描述，堪稱「世界上最美麗的咖啡館」。悠閒地觀賞著畫作，累了就想著「今天要吃什麼蛋糕呢？」，這是極為愉快的時光。之後每次來維也納，我都會順道造訪。

走訪了各種咖啡館，終於理解當時老師所說的「維也納咖啡文化的美好」。不論是獨自一人還是和幾個朋友一起，都能度過愉快的時光，這種舒適感可能正是悠久歷史下才能擁有的。

大廳內有令人印象深刻的大型挑高空間。天花板和柱子的裝飾都十分美麗，莊嚴的氛圍每次造訪都令人感動。這個空間被譽為世界上最美麗的咖啡館之一，實在是讓人信服。

由於這是藝術史博物館內的咖啡館，單純造訪咖啡館的話也需要支付博物館的入場費。飲料和甜點的種類非常豐富，食物也相當美味。

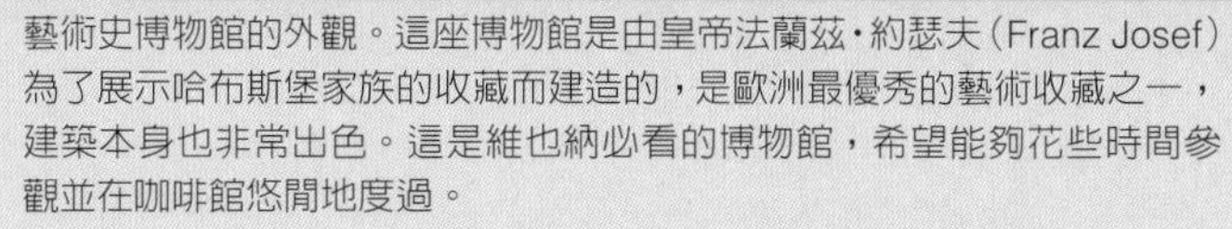

藝術史博物館的外觀。這座博物館是由皇帝法蘭茲・約瑟夫（Franz Josef）為了展示哈布斯堡家族的收藏而建造的，是歐洲最優秀的藝術收藏之一，建築本身也非常出色。這是維也納必看的博物館，希望能夠花些時間參觀並在咖啡館悠閒地度過。

Information

Maria Theresien Platz 1, 1010 Wien
https://www.genussimmuseum.at

以『The Third Man 黑獄亡魂』的拍攝地而聞名
每次造訪都讓人感到舒適愜意

Café Mozart
莫札特咖啡館

位於歌劇院附近，創立於1794年的傳統咖啡館。這家店也因電影『The Third Man 黑獄亡魂』的拍攝地而聞名。雖然『The Third Man 黑獄亡魂』是一部1949年上映的老電影，但我喜歡奧森·威爾斯（Orson Welles）的這部電影，每次來維也納都會光顧這家咖啡館。不僅是莫札特咖啡館，電影中呈現的維也納街景也令人心動。我永遠不會忘記電影最後一幕，在中央墓園的林蔭道上行走的艾莉達·瓦利（Alida Valli）的身影。

這家咖啡館是維也納第一家設有花園露臺座位的咖啡館，坐在寬敞的露臺座位上，欣賞著維也納街景，品味咖啡格外愜意。咖啡館內部的裝潢當然也很美，不論何時前來都是一個令人感到舒適的空間。雖然遊客絡繹不絕，但這家咖啡館給人的感覺，是一家深受當地人喜愛的地方。

寬敞的露臺座位非常舒適，可以一邊欣賞維也納街景和來往的人群，一邊品嚐美味的咖啡。此外，這裡的蛋糕種類繁多。（上圖）
©奧地利政府觀光局

Information
Café Mozart
Albertinaplatz 2, 1010 Wien
https://www.cafe-mozart.at

咖啡館內實用的基礎知識

維也納的咖啡館風格與日本有些不同。雖然不是太複雜，但整理了一些在咖啡館裡應該知道的事情，這樣你就可以更輕鬆地度過時光。

進入店內後，首先確保座位。與日本不同，不必等待服務員的引導，請自行找到空位坐下。如果有服務員，用奧地利的德語說「Grüß Gott」表示問候。當然，使用英語也是可以的。

菜單放在桌子上。如果沒有，請向服務員索取。由於維也納的咖啡館有很多種咖啡，所以像在日本一樣說「一杯咖啡」是不夠的。如果不確定，點一些經典的，如Melange（牛奶泡沫咖啡）、Mokka（黑咖啡）等可能是不錯的選擇（關於菜單請參考第166頁）。確定了之後，請呼叫服務人員點餐。

結帳是在座位上進行。如果可以，請向點餐時幫助你的服務人員詢問帳單。別忘了在支付金額上添加約0.5歐元左右的小費。例如，如果咖啡和蛋糕的價格是8.2歐元，支付9歐元，以整數支付是一個不錯的方法。

©奧地利政府觀光局

曾經是維也納文人聚會文學沙龍風格的咖啡館

Café Central
中央咖啡館

位於維也納最古老的地區，於1876年改建的費爾斯特宮(Palais Ferstel)，成為中央咖啡館。這裡有一個高聳的中庭，裝飾有法蘭茲·約瑟夫一世(Franz Josef I)和皇后伊莉莎白(Elisabeth)的肖像畫，充滿優雅的宮殿氛圍，正如其名。在二十世紀初，這裡曾經是著名文化人士的聚會地，被稱為文學沙龍。或許因此，這裡提供了大量的報紙和雜誌。

雖然這裡有精緻的甜點，但推薦的是「Kaiserschmarrn 皇帝煎餅」。雖然點餐後需要等待一些時間，但在欣賞法蘭茲·約瑟夫的肖像畫的同時品嚐這款點心，會感覺像是時光倒流。由於份量很大，兩個人一起分享就足夠了。

曾經被稱為「文學沙龍」的咖啡館，以其豪華的裝潢和氛圍深受遊客喜愛。入口附近桌旁，有奧地利代表作家彼得·阿爾滕貝格(Peter Altenberg)的人偶。

Information

Café Central

Herrengasse 14, 1010 Wien

https://www.cafecentral.wien

這是日本最著名的
老牌咖啡館

Demel
德梅爾

創立於1876年。曾經深受貴族和上流社會的喜愛，是維也納最古老的咖啡館之一。位於皇宮和劇院附近，成為哈布斯堡王朝指定的蛋糕店，吸引維也納的上流社會成為主顧客。

在日本也有分店，可能是維也納最著名的糕點店之一。薩赫蛋糕（Sachertorte）當然是其中之一，還有特色的安娜蛋糕（Annatorte）和榛果濃巧克力（Mohr im Hemd）等，巧克力點心格外美味。日本的德梅爾店裡，薩赫蛋糕的大小剛剛好，但在維也納的則非常大。

內部裝潢由著名建築師打造，具有沉穩而奢華的新巴洛克風格。可以感受到維也納獨有的氛圍。要在櫥窗處選擇蛋糕，飲料則是入座後再點用。（右圖）©奧地利政府觀光局

Information
Demel
Kohlmarkt 14, 1010 Wien
https://www.demel.com

這裡的寧靜氛圍
也深受當地女士的喜愛

L.Heiner
赫納

成立於1840年，是皇室指定的糕點店。在維也納舊城區的克倫特納大街（Kärntner Straße），以及維也納市區共有四家店，以傳統的味道自豪。推薦特色的林茲塔（Linzer Torte）和栗子蛋糕（Kastanienschnitte），咖啡也非常美味。克倫特納大街雖然是一個熱門的旅遊區域，但卻有著親民的氛圍，當地居民眾多，可以在這裡悠閒地喝茶。

這裡的咖啡和蛋糕非常美味，親民的氛圍，非常有吸引力。©奧地利政府觀光局

Information
L.Heiner
Kärntner Str. 21-23, 1010 Wien
https://www.heiner.co.at

五星級酒店
獨有的奢華氛圍和服務

Café Sacher
薩赫咖啡館

作為維也納代表老字號的五星級酒店之一，位於薩赫酒店一樓的薩赫咖啡館。坐落在維也納歌劇院的背後，面向克倫特納大街(Kärntner Straße)，營業時間至深夜12點。由於白天吸引了許多為了享受薩赫蛋糕而來的遊客排隊(雖然翻桌相對迅速)，晚上的茶點時間或用餐也是不錯的選擇。價格稍微昂貴，但五星級酒店的奢華紅色內部裝潢仿若身處城堡，讓人感受到奢華的氛圍。

位於老字號酒店一樓的咖啡館，雖然吸引了眾多遊客，但也是一個想要體會奢華氛圍的好地方。(右圖)
©奧地利政府觀光局

Information
Café Sacher
Philharmoniker Str. 4, 1010 Wien
https://www.sacher.com

喜愛甜點的人一定要造訪
推廣維也納甜點的店

Oberlaa Stadthaus
奧伯拉城市之家

成立於1974年。由卡爾·舒馬哈(Karl Schuhmacher)先生擔任主廚的這家店，被譽為維也納甜點的第一人。舒馬哈先生重視傳統，同時根據現代人的口味降低甜度，創造出精緻的維也納甜點，並在世界各地廣為傳播。

這家店的輕食也非常美味，因此午餐也是一個不錯的選擇。我通常會點一份輕食沙拉或三明治，品嚐蛋糕，最後買一些巧克力帶回家。

在維也納市區有許多分店，總店是當地居民喜愛的隱藏寶地，有著獨特的氣氛。

Information
Oberlaa Stadthaus
Neuer Markt 16, 1010 Wien
https://www.oberlaa-wien.at

其他推薦的老字號咖啡館

Café Frauenhuber

開業於1824年。前身是瑪麗亞·特蕾莎（Maria Theresia）專屬廚師的法蘭茲·揚（Franz Jahn）所經營的餐廳，是維也納最古老的咖啡館之一。據說莫扎特和貝多芬曾在這裡演奏。

Information

Café Frauenhuber
Himmelpfortgasse 6, 1010 Wien
http://www.cafe-frauenhuber.at

Café Landtmann

自1873年開業以來，一直受到文化人士的喜愛。具有高級感的紅色天鵝絨沙發讓人感受到時代的氛圍。輕食也非常美味。

Information

Café Landtmann
Universitätsring 4 (Löwelstr.), 1010 Wien
https://www.landtmann.at

Café Museum

成立於1898年的老字號咖啡館。由建築師約瑟夫·佐蒂設計，再現了「一切虛飾都被去除」的內部裝潢。克林姆（Klimt）和埃貢·席勒（Egon Schiele）也是常客。

Information

Café Museum
Operngasse 7, 1010 Wien
https://www.cafemuseum.at

Café Prückel

位於奧地利應用藝術博物館（通稱MAK）對面，創立於1904年的老字號咖啡館。保持著古老的庶民氛圍。

Information

Café Prückel
Stubenring 24 (Dr.-Karl-Lueger-Platz), 1010 Wien
https://prueckel.at

Café Hawelka

1936年開業。位於維也納市中心聖斯蒂芬大教堂（Stephansdom）附近的小巷內，有著復古氛圍的咖啡館。

Information

Café Hawelka
Dorotheergasse 6, 1010 Wien
https://hawelka.at

Schwarzenberg

於1861年，在維也納市區重新開發時期創立。維也納工房的創立者、建築師約瑟夫·霍夫曼（Josef Hoffmann）據說曾經將此做爲辦公室使用。獨特的氛圍是其魅力所在。

Information

Schwarzenberg
Kärntner Ring 17, 1010 Wien
http://www.cafe-schwarzenberg.at

咖啡的種類

維也納的咖啡種類豐富。
這裡介紹一些代表性的種類。

Melange
從十八世紀初就受到喜愛。將濃縮咖啡加入牛奶，上面再加打發的牛奶泡沫。

Brauner(Großer Brauner)
加有鮮奶油或牛奶的咖啡。

Kapuziner
在咖啡上加鮮奶油，並撒上可可粉的咖啡。

Mocca(Mokka)
通常指的是濃縮咖啡，也被稱為Großer Schwarzer，是濃郁的黑咖啡。

Einspänner
在稍微稀釋的雙倍濃縮咖啡上加鮮奶油，並以帶有手柄的玻璃杯供應。與日本的「維也納咖啡」相似。

Eiskaffee
將加有砂糖和牛奶的濃縮咖啡倒入裝有香草冰淇淋的玻璃杯中，並加上鮮奶油。

Maria Theresia
在雙倍濃縮咖啡中加入橙酒，並放上鮮奶油。據說這是女皇瑪麗亞・特蕾莎(Maria Theresia)喜愛的咖啡。

Mozart
在雙倍濃縮咖啡中加入莫扎特利口酒(巧克力利口酒)，並放上鮮奶油和杏仁片(或開心果)。雖然在日本稱為「維也納咖啡」，但在奧地利本土被稱為「Einspänner」意為單匹馬車。據說從前，在咖啡廳等待主人時，馬車夫為取暖而飲用，因此得名。

在維也納最受歡迎的Melange咖啡。©奧地利政府觀光局/Harald Eisenberger

在咖啡廳使用的德語（以英文拼音標示）

- **這個座位有人嗎? Ist dieser Platz frei?**（Isht dee-zair plats fry?）
- **請給我看菜單。Die Speisekarte bitte.**（Dee shpi-zuh-kar-tuh bit-uh.）
- **有什麼推薦嗎? Was empfehlen Sie?**（Vahs emp-feh-luhn zee?）
- **請給我這個。Das bitte.**（Dahs bit-uh.）
- **非常好吃。Es hat sehr gut geschmeckt.**（Es hat zair goot geh-shmeckt.）
- **請結帳。Zahlen bitte.**（Tsah-len bit-uh.）

Part

4

Teegebäck und Weihnachtsplätzchen

茶點與聖誕餅乾

質樸而充滿風味
不能缺少的聖誕點心

茶點時間的小點心被稱爲「Teegebäck」（Tee是茶，Gebäck是小點心的意思）。雖然樸實，但在口感和形狀上有很多變化，絕不會讓人感到厭倦。有使用模具、擠花、冰箱冷藏後切片製作的，還有用手或湯匙塑形的，每種都有不同的口感。在維也納的聖誕節，Teegebäck必不可少。現在，我們將介紹一些與家人和朋友共度歡樂時光的季節點心。

堅果三角餅乾

Nussecken

堆滿堅果，切成三角形也很可愛

「Nuss」是指堅果，「Ecken（Ecke的複數形）」則是角（corner）的意思，這是一種呈三角形形狀的點心。

將Mürbeteig（塔皮麵團）擴展成長方形，首先進行空烤。再加入焦糖化的堅果，然後再次烘烤。通常使用榛果，但我採用杏仁和核桃。

烘烤完成後，切成三角形，在角的地方沾裹巧克力作爲最後的裝飾，堅果和巧克力的風味非常搭配。也可以使用白巧克力，當然，不加任何東西也很好吃。堅果的香脆風味和口感，與佛羅倫提納（Florentiner Schnitten P184）非常相似。這是一種在聖誕節經常製作的點心。

堅果三角餅乾（18×12cm框模1個）

材料

Mürbeteig（塔皮麵團）

奶油……100g
糖粉……50g
蛋黃……1顆
檸檬皮（磨碎）……1顆
低筋麵粉……150g

Füllung（內餡）

奶油……35g
蜂蜜……55g
砂糖……70g
切碎的堅果……110g
（核桃和杏仁）

巧克力（couverture覆淋巧克力）
……適量

製作方法

Mürbeteig（塔皮麵團）

1 把奶油打成軟膏狀，加入糖粉充分攪拌。
2 在1中加入蛋黃攪拌，加入磨碎的檸檬皮和過篩的低筋麵粉混合。
3 成團，用保鮮膜包好，放冰箱休息30分鐘以上。

Füllung（內餡）

1 把奶油、蜂蜜、砂糖放入鍋中，煮沸，加入切碎的堅果。

完成

1 把麵團擀成3mm厚度，展開到18×12cm，靜置休息。
2 將1放入框模中，在180℃下烤10分鐘，烘烤至金黃色。
3 在2上加內餡，在180℃下烤10分鐘，直到呈現金黃色。冷卻後切成12個三角形，將融化的巧克力沾裹三角形的2側尖端處。

香草餅乾

Vanillescheiben

不加奶油，酥脆樸實的餅乾

這是一種用全蛋打發製作的特殊餅乾。單看食譜，有點難以想像。

許多點心的主要成分包括低筋麵粉、糖、蛋和奶油。餅乾通常像Mürbeteig（塔皮麵團）一樣，以低筋麵粉3、奶油2、糖1，奶油的比例很高，但這款Vanillescheiben的餅乾不含奶油，而是以香草風味呈現。

將糖加入蛋中，打發成堅挺的泡沫狀，然後加入低筋麵粉混合。由於糖和麵粉都很多，麵團在這個階段已經變得很厚重，再擠至烤盤上烘烤。

酥脆簡單的餅乾，剛出爐時有獨特的口感，像孩子吃的「蕎麦ぼうろ（蕎麥餅乾）」一樣樸實的味道。它本身就很美味，但也可以加上配料，在上面裝飾松子，夾入巧克力，或添加一點風味都很有趣。由於保存期較長，也很適合當作禮物。蘸熱咖啡也是一種推薦的享用方式。

香草餅乾（約20片）

材料

雞蛋……2顆
砂糖……115g
香草油……少許
低筋麵粉……140g
巧克力（隔水加熱融化）……適量
松子……適量

製作方法

1 在碗中加入雞蛋和砂糖，打發成泡沫狀。
2 加入香草油，加入低筋麵粉輕輕攪拌。放入裝有圓口花嘴的擠花袋中。
3 在烘焙紙上擠出2的一半成圓形。在170°C的烤箱中烤8~10分鐘。取出冷卻後每2片夾入融化的巧克力，再擠出線條裝飾。
4 在烘焙紙上用2剩餘的一半，使用圓口花嘴擠出U形或甜甜圈形狀，撒上松子或喜好的堅果，像3一樣烘烤。

杏仁餅乾
Mandelbrot

含有脆口的杏仁，帶有香氣的美味

「Mandel」意味著杏仁。杏仁原產於西南亞，據說在古羅馬時代傳播到地中海沿岸，並在義大利、西班牙等地栽培。在歐洲，杏仁被用作料理和糕點的原料，同時也是藥物，人們經常飲用杏仁奶代替牛奶。添加了大量杏仁粗粒的這款餅乾，口感酥脆，帶有香氣，讓人很難停手。

雖然有時也會做成巧克力口味，但這次選擇了肉桂口味。杏仁是在最後加入麵團，在這個過程中，要確保將空氣充分排出，以免在烘烤時形成氣孔，請注意這一點。

使用細長的板材將麵團塑造成長方形或正方形，也可以捲成圓柱狀切片後烘烤。如果將製作好的麵團冷凍保存，則可以根據需要烘烤，因此建議多做一些。這款餅乾不僅適用於聖誕節，也是茶點時光的好選擇。

杏仁餅乾（約30片）

材料

奶油……80g
砂糖……100g
糖粉……50g
雞蛋……1顆
低筋麵粉……200g
肉桂粉……少許
杏仁粗粒……80g

製作方法

1 把奶油打成軟膏狀，加入砂糖充分攪拌。
2 加入糖粉繼續攪拌。打散雞蛋加入1中。
3 將低筋麵粉和肉桂粉一起過篩，加入2中輕輕攪拌。當麵粉差不多混合均勻時，加入粗粒杏仁，將麵團整合成團。
4 排出麵團中的空氣，整形成長方形後用保鮮膜包裹，放入冷凍庫冷凍至固體狀態。
5 將4切成3至5mm的厚度，放入170°C的烤箱中烤約12分鐘。

炸雪球

Schneeballen

卷起條狀麵團後油炸的有趣點心。

「Schneeballen」的意思是「雪球」，是一種油炸點心。在約400年前，從奧地利一直延伸到德國南部，這種點心就已經存在，最初似乎是一種節慶點心。在德國的羅滕堡（Rothenburg），以及著名的紐倫堡（Nürnberg）聖誕市集上經常能見到，也成爲了一種特色伴手禮。

將麵團切成長條狀，然後將其捲成球狀放入模具中。這樣直接油炸，麵團會膨脹，形成如同模具般的圓球狀。麵團中含有大量的蘭姆酒，而且不使用水，因此非常酥脆。

撒上糖粉，剛炸好後吃起來非常美味。除了糖粉外，也可以根據個人口味撒上肉桂粉、可可粉等，但白色的糖粉仍然是一個漂亮的選擇，帶有淡淡的甜味，非常推薦。

順道一提，這種雪球曾一度風靡韓國，用槌子敲碎後食用非常受歡迎。如今，對於這款酥脆的麵團，享受方式也變得多樣化。

炸雪球（10個）

材料

低筋麵粉……175g
奶油……15g
蛋黃……6顆
糖粉……25g
鹽……少許
蘭姆酒……45cc
檸檬皮（磨碎）……1個

手粉（高筋麵粉）……適量
油炸用油……適量
糖粉……適量

製作方法

1. 將低筋麵粉過篩備用。奶油以隔水加熱融化。
2. 將蛋黃放入碗中打散，加入糖粉，用打蛋器打至顏色變淺。
3. 加入鹽、蘭姆酒、磨碎的檸檬皮，並加入1融化的奶油，混合均勻。
4. 篩入低筋麵粉，用刮板混合均勻。
5. 把4的麵團擀成50×40cm的長方形，再切成10×20cm的大小，分成10份。
6. 每個長方形，從頂部和底部邊緣切出四個2公分等寬的垂直切口。將兩側穿過中間的切口，用手整合成球狀。
7. 把製成球狀的麵團放入炸雪球專用的模具中，蓋上蓋子，每球在160°C的足量油中炸約6~7分鐘，直到上色，然後瀝乾油。
8. 冷卻後裝盤，篩上大量糖粉。
※如果沒有炸雪球專用的模具，可以使用兩個茶篩組合在一起製作。

炸雪球專用模具

蛋白餅

Mellingen

也是瑪麗·安東妮喜愛的蛋白霜點心

現在，人們都知道將蛋白打發至硬性發泡可以保持形狀。但在當時，這一發現是一項具有突破性的技術。至於烤蛋白餅這種以蛋白霜爲基礎的點心，究竟是何時何地首次製作出來，有諸多說法。

一般認爲，這種點心最早是在瑞士的邁林根（Meiringen）地方，由一位名爲加斯帕里尼（Gasparini）的義大利人，在約1720年推出的。還有一種說法是在1800年，拿破崙在馬倫戈戰役（Bataille de Marengo）大勝奧地利軍，拿破崙的廚師製作成慶祝點心。此外，在十八世紀的法國，當時提供給統治南錫（Nancy）宮廷的洛林公爵－斯坦尼斯瓦夫·萊什琴斯基（Stanisław Leszczyński），也被認爲是烤蛋白霜的起源。還有人認爲最初的起源，是波蘭一種將打發的蛋白和糖混合在一起，叫做馬爾基茨卡（Marzynka）的點心。

嫁給法國路易十六的奧地利公主瑪麗·安東妮（Marie Antoinette）非常喜歡烤蛋白餅，據說她喜歡在上面加上鮮奶油。此外，也有傳聞她在特里亞農宮（Grand Trianon）爲孩子們親手製作這種點心。

Part 4 ▸ Mellingen

蛋白餅（12個）

材料

蛋白……2個（60g）
砂糖……125g
食用紅色色素……少許

製作方法

1 將蛋白打發。打至泡沫狀後，分次加入砂糖，繼續打發至堅挺的程度。加入少量食用紅色色素，充分混合直至顏色均一。
2 在鋪有烘焙紙的烤盤上，使用直徑12mm的圓形花嘴擠出心形。
3 在預熱至100°C的烤箱中烘烤40分鐘。

椰子馬卡龍

Kokosmakronen

用椰子、蛋白和糖製作，簡單的椰子馬卡龍

「Kokos」是椰子，「Makronen」則是法國著名「Macaron馬卡龍」的親戚。換句話說，這是椰子馬卡龍，英語則稱為「Macaroon」的點心。法國馬卡龍是以杏仁粉和蛋白混合砂糖烘焙而成，據說起源於義大利的修道院。馬卡龍這個名字一般認為來自義大利語的「Ammaccare」，意思是「破碎」，因為當時他們將杏仁破碎成糊狀。十九世紀，隨著椰子傳入歐洲，它取代了之前使用的杏仁而變得流行。

椰子有椰子絲、椰子碎、椰子粉等多種形式，但使用任何一種形式都可以製作出美味的點心。

主要材料僅有椰子、打發的蛋白和糖，非常簡單。首先將椰子在烤箱中烤一下，冷卻後開始打發蛋白。當蛋白打至8分發時，加入糖打成蛋白霜。要注意的是將蛋白霜打發得堅挺而鬆軟。將椰子和蛋白霜混合後，用湯匙舀入烤盤上即可，非常簡單且美味，即使是小朋友也可以製作。請務必與孩子一起享受這個簡單又美味的點心。

椰子馬卡龍（30~40個）

材料

蛋白……2個
砂糖……100g
檸檬汁……1/2大匙
香草籽……適量
椰子粉……100g

製作方法

1. 打發蛋白。在過程中加入砂糖，打發成堅挺的蛋白霜後，加入檸檬汁和香草籽。
2. 在蛋白霜中加入椰子粉混合均勻，用湯匙舀取椰子蛋白糊，放在鋪有烘焙紙的烤盤上，放入預熱至160°C的烤箱中烤20~30分鐘。

佛羅倫提納
Florentiner Schnitten

香脆的堅果和餅乾的完美結合

「Florentiner」的名稱意指「來自佛羅倫斯」，有諸多說法，其中一說是在凱薩琳·德·麥地奇（Catherine de Médicis）嫁給亨利二世（Henri II）時從義大利傳入法國。在法國被稱爲「Florentine佛羅倫汀」，是歐洲普及的點心之一，在日本也很受歡迎，近年來甚至有了專賣店。香脆的堅果風味和餅乾的搭配非常出色。

用於製作餅乾的是Mürbeteig（塔皮麵團），而Mürbeteig的基本比例是麵粉:奶油:砂糖爲1：2：3，而這個麵團的比例是2：1：1。因爲麵粉的比例增加到2，所以質地較硬，但在頂部加上焦糖杏仁，經過烘烤後讓整體味道達到絕妙的平衡。一張烤盤的份量剛好，烤好後最好在完全冷卻前切塊。即使是切下的邊緣也很美味，呈現脆脆的口感。在瑞士，你可能會看到在下方加上巧克力的版本，但我個人最喜歡這個食譜。

佛羅倫提納（25×29cm烤盤）

材料

Mürbeteig（塔皮麵團）

無鹽奶油……100g
砂糖……100g
蛋黃……1顆
低筋麵粉……220g

焦糖醬

杏仁片……160g
奶油……100g
細砂糖……100g
蜂蜜……60g
鮮奶油……60cc

製作方法

Mürbeteig（塔皮麵團）

1. 將無鹽奶油打成軟膏狀，加入砂糖充分混合。
2. 將蛋黃加入混合，篩入低筋麵粉拌勻。整理成團，用保鮮膜包好，放入冰箱靜置30分鐘以上。
3. 將靜置的麵團擀平至與烤盤大小相符，放在鋪有烘焙紙的烤盤上，用叉子等工具戳出小孔，以利空氣透過。在預熱至170°C的烤箱空烤約12分鐘。

焦糖醬

1. 杏仁片在預熱至150°C的烤箱中空烤10~12分鐘。
2. 在厚底鍋中加入奶油、細砂糖、蜂蜜、鮮奶油，開火煮至濃稠。中途可用刷子蘸水擦拭鍋邊。
3. 用湯匙將焦糖醬滴入水中，可成形後即可加入杏仁片，攪拌均勻後熄火。

完成

1. 在空烤好的塔皮上均勻倒入焦糖醬，用170~180°C的烤箱烘烤約15分鐘至金黃色。
2. 從烤盤上取出，在完全冷卻之前切成喜好的大小。

林茨新月酥
Linzer Kipferl

麵團擠出成彎月形狀後，以高溫烘烤至酥脆

名為「Kipferl」的彎月形糕點，以其月牙的新月形狀而得名。也被稱為Linzer Kipferl，是一種口感鬆脆的奶油酥餅。雖然是聖誕季節的經典餅乾之一，但在平常的茶點時間，也常與咖啡一同享用。

在擠出麵團形成彎月的形狀時，如果麵團過硬，可以加入少量牛奶，這樣會更容易擠。將烤箱預熱至較高溫度，將擠出的麵團放入烘烤。請注意，烘烤時要注意擠出的表面紋路不能塌陷。

傳統的製作方式是將二塊烤好的餅乾夾上果醬，然後沾裹巧克力，但即使單片餅乾也非常美味。我習慣不夾果醬，單片享用。

充滿奶油香的鬆脆口感。在兩端沾裹巧克力，不僅外觀時尚，還有道地的風味。

林茨新月酥（24個）

材料

奶油……250g
雞蛋……1顆
糖粉……90g
香草油……少許
檸檬皮（磨碎）……1顆
低筋麵粉……350g
巧克力（couverture覆淋巧克力）……50g

製作方法

1. 回復室溫的奶油中加入糖粉，加入打散的雞蛋。添加檸檬皮碎和香草油，充分混合。
2. 將過篩的低筋麵粉加入，輕輕攪拌均勻。
3. 放入擠花袋（星形花嘴），擠出彎月般的馬蹄形。
4. 在預熱至180°C的烤箱中烤約 12 分鐘。
5. 在烤好的兩端沾裹融化的巧克力。

Weihnachtssüßigkeiten

維也納
聖誕糕點

平安夜，德語中稱爲Heiliger Abend，家人和親戚齊聚一堂慶祝。
在聖誕節前，忙著烘烤各種餅乾。
傳統上會將款式豐富的餅乾擺滿大盤子，大家一同品嚐。

薑餅
Lebkuchen

香料的芬芳和蜂蜜的甜美交織出宜人的風味

Lebkuchen薑餅的歷史非常悠久，早在十三世紀就有相關記錄，但有關其名稱的來源有諸多說法，至今尚不明確。

使用香料和蜂蜜的麵包在古埃及時代就已存在，但在歐洲，它開始在中世紀由香料貿易興盛的城鎮和修道院製作。修道院飼養蜜蜂以製作蠟燭，同時使用所收集到的蜂蜜製作薑餅。

到了十五世紀，神聖羅馬帝國皇帝腓特烈三世（Friedrich III）從妻子萊昂諾爾（Leonor）的故鄉葡萄牙大量進口了糖，從而開始製作使用當時珍貴的糖和香料的薑餅。

雖然今天薑餅更多與聖誕糕點相關，但在當時，它似乎也經常在復活節和其他時候食用。格林童話中「Hänsel and Gretel漢賽爾和葛雷特」的糖果屋，據說就是使用薑餅製作。此外，在維也納的家庭，人們會在薑餅上開孔，掛起來裝飾聖誕樹。

薑餅（20~30個）

材料
低筋麵粉……125g
高筋麵粉……125g
泡打粉……1小匙
肉桂粉……1小匙
薑……少許
小豆蔻……少許
蜂蜜……250g

皇家糖霜（Glaçage royal）
糖粉……150g
蛋白……1/2個（25g）
檸檬汁……1大匙

製作方法
1. 將低筋麵粉、高筋麵粉、泡打粉和香料粉混合過篩備用。
2. 把蜂蜜加熱至微溫，放入碗中冷卻。
3. 在2的蜂蜜中加入過篩1的粉料，充分攪拌。從碗中取出，用手繼續揉搓，用保鮮膜包裹，室溫靜置一晚。
4. 把麵團擀成3mm厚，用模具裁切，放入預熱至170~180℃的烤箱中烤10~12分鐘。
5. 皇家糖霜：在過篩的糖粉中加入蛋白，攪拌均勻，加入檸檬汁攪拌至光滑狀。
6. 當4的薑餅冷卻後，使用皇家糖霜進行裝飾，待乾即完成。

林茨之眼
Linzer Augen

聖誕節時
茶點不可或缺的餅乾

Linzer Augen的名稱意爲「林茨之眼」，在德國則被稱爲「牛眼巧克力餅乾（Ochsenaugen，牛的眼睛）」。

基本的餅乾麵團擀成3mm厚，用模型裁切成環形餅乾，兩兩成對（有專用的模型販售）。要確保兩片麵團大小一致，需要讓麵團充分休息再裁切，如果不讓麵筋得到充分靜置，上下麵團可能無法完美疊合。

內餡中的果醬如果煮得夠濃稠，會更容易入口、看起來也更自然。紅醋栗果醬或杏桃果醬是常見的選擇。

林茨之眼
（約10個）

材料

奶油……100g
砂糖……50g
蛋黃……1個
低筋麵粉……150g
杏桃果醬……適量
糖粉……適量
手粉（高筋麵粉）……適量

製作方法

1. 把奶油攪打成軟膏狀，加入糖，充分攪拌均勻。
2. 在1中加入蛋黃，混合均勻，篩入麵粉，攪拌均勻。成團後用保鮮膜包好，冷藏休息30分鐘以上。
3. 在工作檯面撒上手粉，將2的麵團擀成3 mm厚。用直徑4cm的圓形壓模裁切，將一半的圓形麵團，使用直徑2.5cm的小圓模再次裁切中央，製作成環形。
4. 放入預熱至170°C的烤箱中烤約10分鐘。
5. 兩片餅乾中間夾入杏桃果醬，篩上糖粉，中央再擠上果醬即可。

香草新月酥
Vanillekipferl

杏仁的香氣和脆脆的口感 深受喜愛的彎月形餅乾

這款餅乾充滿了奶油、杏仁和香草豐富的味道，是很受歡迎的聖誕季節餅乾，據說在十七世紀，已經在奧地利維也納的郊區製作。

這款餅乾是採手工塑形，由於使用了糖粉，因此稍微難以塑形，但這正是爲什麼它有著脆脆的口感。如果難以塑形，可以添加一些奶油來輕鬆完成。在維也納，有一個傳統是將這款餅乾浸泡在咖啡中享用，甚至流傳下來，皇后瑪麗亞・特蕾莎（Maria Theresia）在浸泡餅乾時意外濺出咖啡，弄髒了文件的軼事。

香草新月酥
（約70個）

材料

A
- 杏仁粉⋯⋯40g
- 低筋麵粉⋯⋯120g

奶油⋯⋯80g
糖粉⋯⋯40g
香草籽⋯⋯1/2支

製作方法

1. 將A一起過篩。
2. 在軟化的奶油中加入糖粉，充分攪拌均勻，加入香草籽，繼續攪拌至整體變得蓬鬆。
3. 在2中加入1的粉類，輕輕攪拌均勻。將其分成10等分，捏成長條狀，再將每條等分成7份。
4. 每份小麵團揉圓，再捏成粗短的長條狀，整形成彎月形，排放在烤盤上。
5. 放入預熱至170°C的烤箱中烤10~15分鐘。
6. 最後篩上糖粉。

肉桂星星酥
Zimtsterne

肉桂星星
這是一道聖誕傳統的經典餅乾

「Zimt」指的是肉桂，「Sterne」意指星星，是一款在聖誕節經常製作的傳統點心。特色在於不使用麵粉，而是使用豐富的堅果和肉桂粉。

濕潤充滿香氣的餅乾上淋了帶有檸檬酸甜味的糖霜。在聖誕節的寒冷氣溫下，糖霜也會迅速乾燥。將它裝入盒子或籃子中，是極爲推薦，可愛的聖誕禮物。

肉桂星星酥
（約40個）

材料

蛋白……2個
糖粉……160g
杏仁粉……250g
肉桂粉……2小匙

糖霜

蛋白……1個（約30g）
糖粉……125g
檸檬汁……10～15cc

製作方法

1. 在蛋白中逐漸加入糖粉，打發至堅挺。
2. 加入已經烤熟的杏仁粉和肉桂粉，拌入麵糊，放入冰箱休息約30分鐘。
3. 在擀麵棍上撒糖粉，將麵團擀平，以星形餅乾壓模裁切。
4. 排放在烤盤上，放入預熱至160°C的烤箱中烤10~15分鐘。
5. 製作糖霜：在蛋白中加入糖粉，攪拌至濃稠狀，逐漸加入檸檬汁，攪拌至順滑。
6. 將糖霜用小湯匙等工具塗在星形餅乾上。

擠花餅乾
Spritzgebäck

純樸造型的
擠花餅乾

「Gebäck」一詞是指小點心，而「Spritzen」則表示擠壓等的意思。順帶一提，在德語中擠花袋稱爲「Spritzbeutel」。

換句話說，Spritzgebäck 即是指擠壓出來的餅乾。雖然以聖誕餅乾而聞名，但也經常作爲下午茶餅乾。可以加入可可粉，或放上堅果和果乾等，非常多變化。

擠花餅乾
（約20個）

材料

奶油……150g
砂糖……60g
香草籽……1/2支
雞蛋……1/2個
低筋麵粉……180g

製作方法

1. 奶油攪拌成軟膏狀，加入砂糖充分攪拌，再加入香草籽。
2. 加入打散的雞蛋混合，過篩加入低筋麵粉混合。整合成團，放入裝有星形花嘴的擠花袋中，在烤盤上擠出各種形狀。
3. 在預熱至170℃的烤箱中烤約10分鐘。
※也可以在麵團中加入可可粉，或烤好後沾裹上融化的巧克力。

聖誕酥皮麵包

Weihnachts-Plunder

最令人期待的聖誕夜慶祝蛋糕

這是維也納「Weihnachten（聖誕節）」具代表性的Plunderteig丹麥麵包。用奶油揉製的丹麥麵團，包裹著大量的核桃、葡萄乾和肉桂，然後放入中空天使蛋糕的模型中，經過充分發酵滿模時烘烤。請調節溫度確保充分烤透。待涼後，篩上糖霜，裝飾得像聖誕花環一樣。加上一些果乾也是很漂亮的裝飾。

在天主教中，聖誕節（耶穌誕生）的前四個星期日開始，進入稱為「待降節」的聖誕節準備期。在聖誕花環上點燃四根蠟燭，12月的第一個星期天點燃第一根，接下來的星期天依次點燃第二根，以此類推，直到聖誕夜將四根蠟燭全部點燃，這是一種慣例。這個蛋糕也可以像蠟燭一樣，在聖誕夜切開，一邊享用蛋糕一邊慶祝聖誕。

這款包含大量核桃和葡萄乾的丹麥麵團，散發著淡淡的肉桂香氣。

聖誕酥皮麵包（18cm中空圓形）

材料

Plunderteig（丹麥麵團）

低筋麵粉……70g　高筋麵粉……180g
溫水＋蛋黃2個……170g
乾酵母……10g　砂糖……20g
鹽……2g　軟化奶油……45g
香草油……適量
檸檬皮（磨碎）……1顆
融化奶油……適量

Füllung（內餡）

核桃（切碎）……75g
葡萄乾（切碎）……50g
糖粉……75g
肉桂粉……適量

蛋黃（光亮用）……1顆

糖霜

糖粉……50g　蛋白……10g

裝飾

杏仁片……適量（烘烤後使用）

製作方法

1. 將粉類混合，加入乾酵母、糖、鹽，倒入混合好的溫水和蛋黃，攪拌均勻。加入奶油、香草油和磨碎的檸檬皮，揉成光滑的麵團。讓麵團發酵至2~2.5倍大（基本發酵）。將麵團壓平、排氣，休息約15分鐘。
2. 用擀麵棍將1的麵團擀成30×50cm的長方形。在表面塗抹融化的奶油。
3. 將切碎的核桃、葡萄乾和糖粉混合，製成內餡，在麵團的表面均勻撒上。再撒上肉桂粉，朝外捲起。
4. 在中空模具內塗抹軟化的奶油（分量外），將3捲成一個圈狀。在表面用剪刀剪出12等份的切口，用濕布蓋上，放在27~30℃的溫度下進行最終發酵約30分鐘。
5. 在表面塗抹蛋黃液，放入預熱至200℃的烤箱，設定為180℃，烘烤約25分鐘，取出模具放涼。
6. 將糖霜的材料混合攪拌，淋在麵包上，趁還沒凝固時撒上杏仁片。根據個人口味，還可以加入開心果、碎的乾燥覆盆子等。

香料餅乾

Spekulatius

以傳統木製模型製作的有趣餅乾

這款香料豐富的餅乾最初是在荷蘭誕生，用來慶祝聖尼古拉斯節(12月6日)，並在周邊地區流行開來。在這一天，有向孩子分發糖果的傳統，因此開始製作各種形狀的餅乾，如聖尼古拉斯的形狀、動物或植物的形狀等，使用傳統的木製模型。

就像製作落雁和菓子的技術一般，將麵團放入木製模型中，然後翻轉輕輕在烤盤上敲擊，使麵團脫模。這時如果敲擊力道過大，對於老舊的木製模型來說容易破裂，因此需要小心。此外，由於麵團是直接在烤盤上烘烤，如果不在模型上撒粉將麵團壓得緊實些，可能會黏在一起，這也需要注意。由於加入了豐富的香料，這款餅乾可以保存一段時間，但烤好後散發出肉桂、豆蔻和檸檬的芳香，新鮮出爐時更是美味，讓人感到幸福。這是一款適合立即享用和作爲禮物的理想餅乾。

木製模型可以在維也納的古董店或雜貨店購得。最近在日本買的是德國製造的。收集它們也是一種樂趣。

香料餅乾(16cm木模6個)

材料

低筋麵粉……250g
砂糖……150g
香料粉……混合以下各種達到5g
- 肉桂(使用比例較多)
- 小豆蔻(cardamom)
- 丁香
- 肉豆蔻(nutmeg)

香草油……適量
檸檬皮碎……1個
雞蛋……1個
杏仁粉……150g
奶油……150g

製作方法

1. 將低筋麵粉過篩，放入碗中。在中央凹陷處，加入砂糖、事先混合好的香料粉、香草油、檸檬皮碎、雞蛋和杏仁粉。
2. 把奶油切成約1cm大小的丁，加入1中。
3. 用手將整個混合物搓揉，再揉成更為光滑的麵團。整理成團，用保鮮膜包裹，放入冰箱冷藏1小時。
4. 在木模內撒上高筋麵粉(分量外)。
5. 用擀麵棍把3的麵團擀成約1cm的厚度，然後按照木模的大小切割。將麵團放入模具中，用擀麵棍將其擀平至約3mm的厚度。將多餘的麵團切去。
6. 將模具垂直放置，輕輕敲扣，將麵團取出。
7. 排列在烤盤上，放入預熱至180℃的烤箱中，約烤10分鐘。

小樹幹甜甜圈

Baumstämmchen

模擬樹幹，鮮奶油內餡的油炸甜甜圈

「Baumstamm」是德語中的「樹幹」，再加上縮小詞尾的「-chen」變成「小樹幹」，是一款如同聖誕花環的甜甜圈。

就像在狂歡節吃的狂歡節炸甜甜圈（P130）或者本來是節慶點心的炸雪球（P178）一樣，從古至今的慶典期間，用大量油炸製作的點心不可或缺。

將酵母麵團捲成筒狀，使用蛋將重疊的部分黏合在一起，發酵後，用剪刀在表面剪出像樹幹一樣的切痕，這個時候要注意不要剪到底。炸好後，再以擠花袋在中空處，擠入滿滿快要溢出的卡士達和鮮奶油。

只需注意這一點，就能製作出美味可愛的「小樹幹」甜甜圈。最後像雪花一樣篩上糖粉。

小樹幹甜甜圈（20個）

材料

中種
牛奶……60cc
砂糖……1撮
乾酵母……7.5g
高筋麵粉……80g

麵團
高筋麵粉……170g
奶油……80g
砂糖……35g
檸檬皮（磨碎）……1/2顆
牛奶……40cc
蛋……1/2顆
鹽……少許

卡士達
蛋黃……4顆
砂糖……100g
低筋麵粉……50g
牛奶……500cc
香草莢……1支

鮮奶油……200cc
砂糖……1大匙
炸油……適量
糖粉……適量

製作方法

中種
1 在人體肌膚溫度的牛奶中加入砂糖，撒上乾酵母並攪拌至溶解。
2 在高筋麵粉中加入1，搓揉成團狀，然後浸泡在40℃的熱水中，當它浮起時取出。

麵團
1 把奶油攪拌成軟膏狀，加入砂糖混合均勻。
2 將蛋加入1中攪拌，加入牛奶和磨碎的檸檬皮混合。
3 將2加入鹽、高筋麵粉和之前製作的中種，揉成光滑的麵團。
4 蓋上濕布，放在溫暖的地方發酵成約2倍的體積。
5 將麵團分成25克一個，每個捏成球狀。使用鋁箔做成長10cm、直徑2~3cm的圓筒狀，將麵團包裹在外，用剪刀劃出小切口。
6 在中溫的油中炸至淺棕色。

卡士達
1 在碗中攪拌蛋黃和糖，篩入低筋麵粉並加入少量牛奶攪拌均勻。
2 將其餘的牛奶加入香草莢和刮出的香草籽以平底深鍋加熱，逐漸加入1中，倒回平底深鍋以中火加熱，不斷攪拌直到變濃稠，取出香草莢冷卻。

完成
1 將炸好的甜甜圈中間擠入卡士達，兩側擠入加了砂糖打發的鮮奶油，表面再篩上糖粉。

國王蛋糕

Königskuchen

「國王蛋糕」是爲了基督教的主顯節(Epiphany)所製作的糕點

基督教1月6日是主顯節(神顯日),紀念東方三賢士來朝拜嬰孩耶穌的日子。國王蛋糕是在主顯節製作並食用的點心。「König」意爲國王,「Kuhen」是蛋糕的意思,有時也被介紹爲「萊茵風格的國王蛋糕」。

它在奧地利、德國和瑞士都有製作,有時也被視爲法國國王餅(Galette des Rois)的奧地利版本。

這種糕點是用混有果乾和奶油丁的海綿蛋糕麵糊烘烤而成,可以在Manqué形狀的模型底部鋪放塔皮麵團,再倒入麵糊烘烤,有時也會將水果蛋糕稱爲Königskuchen來食用。形狀有長方形、圓形、環形和咕咕霍夫(Gugelhupf)形等多種。

烘烤後,奶油在麵糊中融化並滲透到周圍,形成了類似孔洞的狀態,這正是它美味的原因。是一種獨特而有趣的點心。

國王蛋糕(22cm圓形)

材料

奶油……75g
橙皮……40g
葡萄乾……75g
雞蛋……大的4個
(分開蛋黃和蛋白)
砂糖……150g
低筋麵粉……150g
檸檬汁……少許
蘭姆酒……1又1/2大匙
杏仁片……適量

製作方法

1. 將奶油切成1cm大小的丁,放入冰箱冷藏。
2. 將橙皮切碎,與葡萄乾混合,加入蘭姆酒攪拌均勻。
3. 雞蛋分為蛋黃和蛋白。
4. 將蛋黃和砂糖100g放入碗中,攪打至變得蓬鬆。
5. 在另一個碗中打發蛋白,中途分2次加入剩餘的砂糖50g,加入檸檬汁攪打至堅挺的蛋白霜。
6. 將5的蛋白霜1/3加入4中攪拌均勻,加入一半的低筋麵粉輕輕攪拌。然後依次加入蛋白霜、低筋麵粉和蛋白霜,輕輕攪拌均勻。
7. 將1加入6中,再加入2攪拌均勻。
8. 在塗抹了軟化奶油(分量外)並撒上杏仁片的模型中倒入7的麵糊,放入預熱至180℃的烤箱烘烤20分鐘,然後降溫至170℃,再烘烤20~30分鐘。

✪ Viennese sweets column 11

爲寒冷冬天的維也納增添色彩的聖誕糕點

從距離耶誕節四周的星期天開始，我們就進入了聖誕的準備期，這段時間稱為Advent（降臨節）。在聖誕花環上點燃四根蠟燭，降臨節開始的第一個星期天點燃第一根，第二個星期點燃第二根，以此類推，直到耶誕節前一周點燃所有四根蠟燭的傳統。在這個時期，廣場上會有聖誕市集，攤位上擺滿了聖誕裝飾品、玻璃工藝品和傳統的聖誕馬槽等。大型的聖誕樹聳立，四周裝飾上彩燈，甜蜜的糕點和溫暖的蘭姆酒散發著誘人的香氣，使人沉浸在幸福的氛圍中。

充滿節日氣氛的降臨節過去，從聖誕夜到25日的耶誕節，人們會享用傳統的美食，去教堂與家人一起悠閒度過。在家庭中，裝飾聖誕樹通常是在24日進行。當然，各種聖誕餅乾（P188 ～ 195）也不可或缺。26日是Saint Stephen's Day（聖史蒂芬的紀

©Tirol Werbung/Guenter Kresser

念日），奧地利放假。聖誕假期持續，直到1月6日的主顯節（Epiphany），聖誕季節才結束。

主顯節是慶祝耶穌出生12天後，東方三賢士訪問的日子，這天在奧地利也是假日。

東方三賢士在星星的引導下來到，帶著三種禮物（黃金、乳香、沒藥）獻給嬰兒耶穌。據說這成為聖誕禮物的起源。與此相關，主顯節時孩子們扮成東方三賢士，拜訪鄰居接受禮物。

此外，家庭中還會製作一種名為Königs-kuchen國王蛋糕的糕點。這是一種簡樸的糕點，在薄酥皮上放含有果乾的海綿蛋糕麵糊烘烤而成。

享用國王蛋糕，慶祝主顯節後，聖誕樹會收起來，從降臨節開始的一系列聖誕活動也將落下帷幕。

© 奧地利政府觀光局／ Harald Eisenberger

賦予維也納糕點特色的食材

以下是用於維也納糕點的特色材料介紹。
因爲Topfen（新鮮乳酪）不易取得，所以我們使用替代品。

巧克力

用於麵團中，融化成醬汁，或者製作外層。我喜歡使用法國Cacao Barry的「Excellence 55%」。氣味香濃，不帶有特殊的風味，非常易於使用。

杏仁膏Marzipan

由杏仁和砂糖製成的杏仁膏在奧地利以及整個歐洲都很受歡迎。有使用熱糖漿製成的杏仁膏（見圖片）和未經加熱的生杏仁膏（Marzipan Rohmasse）兩種。杏仁膏用於裝飾和雕塑，而生杏仁膏則用於製作烘烤點心、麵包和內餡等。生杏仁膏的杏仁比例較高，風味更豐富。它也作為糕點材料在烘焙專賣店銷售。

Topfen（新鮮乳酪）

Topfen是德語中新鮮乳酪的意思。它類似於德國的Quark乳酪。將酵素rennet添加到牛奶中，透過乳酸發酵分離出的沉澱物，再將其過濾而成。它的脂肪含量較低，味道鮮美帶酸味。常被用於製作乳酪蛋糕或丹麥麵團。在日本難以取得，因此可以混合奶油乳酪（cream cheese）和優格來代替，也可以使用白乳酪（Fromage Blanc）或茅屋乳酪（cottage cheese）代替。

維也納的乳製品

奧地利的酪農業興盛，乳製品非常豐富。當你去超市會對牛奶的多樣性感到驚訝。包裝上標有Fett（脂肪含量）○%。 Vollmilch（未脫脂的全脂牛奶，脂肪含量3.5%）、Leichtmilch（脂肪含量約1.5%的低脂牛奶）、Frischmilch（在72-75℃下經過15-30秒巴氏殺菌處理的牛奶）、Heumilch（由只食用牧草的牛製成的牛奶）、阿爾卑斯山區產的牛奶和小農場的牛奶等等都有。由美味的牛奶製成的鮮奶油、奶油、乳酪等，也是糕點製作的重要材料。特別是鮮奶油，是維也納人喜愛的點心。不甜的鮮奶油常常用在製作糕點。此外，透過乳酸菌發酵製成的酸奶油也有多種類型，廣泛應用於糕點到烹飪各方面。

Mohn（黑罌粟籽）

指的是黑色的罌粟籽（Blue Poppy Seed），在奧地利、德國等地，有許多使用罌粟籽製作的麵包和糕點。除了顆粒狀外，還可以透過網購，購買罌粟籽製成糖漿狀的罌粟籽醬。

Powidl（洋李果醬）

指的是西洋李果醬。洋李在奧地利是一種風行的水果，口感比日本的更濃郁，味道接近李子（plum）。這種濃郁而甜酸的果醬常用於點心的內餡或醬汁中，也經常用於肉類料理的醬汁。在奧地利，你可以購買到各種水果醬、法式果醬、果凍、醬汁、糖漿等瓶裝的商品。除了洋李果醬外，杏桃、莓果類的果醬也很受歡迎。

水果利口酒
（櫻桃白蘭地Kirschwasser、君度橙酒Cointreau）

用於調味的包括櫻桃籽整粒發酵後蒸餾而成的「櫻桃白蘭地Kirschwasser」和法國產橙香的利口酒「君度橙酒Cointreau」。這兩者都是少量即可產生濃郁的香氣，可以應用於各種不同製作所需。

香料和調味料

像林茨蛋糕（P16）和薑餅（P190）等，有很多加入香料的點心。經常使用的香料有：肉桂、丁香、多香果、茴香、豆蔻、薑、茴香籽、肉豆蔻（或mace豆蔻皮）等。還有專門用於薑餅的混合香料等也有銷售。

維也納糕點的形狀

維也納糕點總稱為「Kuchen」。進一步分為方形的「Schnitten」，和圓形的「Torten」。

「Schneiden」是德語中「切片」的意思，意思是切好的點心。切片通常呈細長形狀，有各種變化，例如夾有奶油、水果、巧克力醬、堅果等。製成後切成單塊供個人享用。

「Torten」是指將海綿蛋糕在圓形模具中預先烘烤，然後薄薄切片，夾有奶油、果醬、堅果等層層疊加而成。輕薄的蛋糕吸收奶油等水分，是維也納糕點風格的代表。由於表面還塗抹有鮮奶油或果醬等，味道更加豐富。

烘焙模具基本上是圓形，無底的金屬框（稱為Cercle），用烘焙紙襯底，但你可以使用家中現有的模具。還有一些特殊形狀的模具，例如Rehrücken鹿背模（P42）、Gugelhupf咕咕霍夫（P134）和Schneeballen炸雪球專用模（P178）。這些都是歷史悠久的糕點，強調使用傳統模具製作。

作為實用的工具，擁有蛋糕切割器可能會很方便。

Cercle

Cercle是法語，意為「圓」。除了圓形外，還包括方形在內，指的是「無底部的模型」。有金屬製的，也有樹脂製的。不僅有圓形，還有橢圓形、方形、三角形等各種形狀，大小和高度也可選擇。

蛋糕切割器

將蛋糕切割器壓在蛋糕上，標記位置後用刀切割，可以均勻分切。可以選擇大小和切割數量（8至16切）。

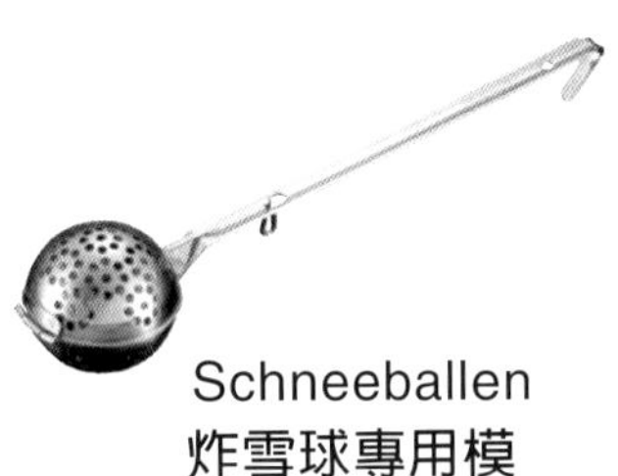

Schneeballen
炸雪球專用模

用於製作相同大小的球形油炸點心，意思為「雪球」。

Gugelhupf
咕咕霍夫模

這是王冠形狀的模型，與法國的Gugelhupf相同。是奧地利家庭中常備的模型。

Rehrücken
鹿背模

Reh是指鹿，Rücken是指背部，即模擬鹿背部的形狀，呈半圓形，帶有波浪狀的凹凸。

基本麵團製作方法❶

海綿蛋糕等，通常將乳沫狀的麵糊分為「Masse」，揉捏成型的麵團分為「Teig」。Masse進一步分為輕盈麵糊（海綿蛋糕）和重糖油麵糊（奶油蛋糕、海綿蛋糕，密度比輕盈海綿蛋糕更高，更具重量感）2種類型。簡單來說，輕盈麵糊是透過打發蛋白，而重糖油麵糊則是透過打發奶油使其膨脹。

Leichte Sandmasse

輕盈海綿蛋糕

（Génoise = light sponge）

基本配方

雞蛋……3個
砂糖……90g
低筋麵粉……90g
奶油……30g

※每個蛋使用30g低筋麵粉和10g融化奶油

製作方法

1 在碗中放入蛋和糖，下墊約70°C的熱水中打發。當蛋糊達到人體肌膚溫度時，從熱水中取出，繼續打發至濃稠。
2 過篩加入低筋麵粉，輕輕混合，加入融化並溫熱的奶油拌勻。
3 在模具中鋪紙，倒入麵糊放進170°C的烤箱中烤約30分鐘。

Gleichschwermasse

重糖油海綿蛋糕

（Butter cake batter = heavy sponge）

基本配方

奶油……150g
砂糖……150g
低筋麵粉……150g
雞蛋……3個

製作方法

分蛋打發法

1 分離蛋黃和蛋白。將奶油打成軟膏狀，逐漸加入一半糖，攪打至顏色變淺。逐個加入蛋黃並攪拌均勻。
2 以另一個鋼盆打發蛋白，當形成8分發時，逐漸加入剩餘的糖，打成堅挺的蛋白霜。
3 在1中加入2蛋白霜的1/3，混合後，篩入一半的低筋麵粉拌勻，然後再加入2蛋白霜的1/3，加入剩餘的低筋麵粉拌勻，最後加入剩餘的蛋白霜拌勻。
4 將混合好的麵糊倒入鋪有烘焙紙的模具中，放入170°C的烤箱烤30分鐘，然後降溫至160°C繼續烤約10分鐘。

全蛋打發法

1 把奶油打成軟膏狀，逐漸加入糖，攪拌至鬆軟顏色變淺。
2 打散蛋液，逐漸加入1中，並持續攪拌，防止分離。
3 篩入低筋麵粉，輕輕攪拌均勻。
4 將混合好的麵糊倒入鋪有烘焙紙的模具中，放入170°C的烤箱烤30分鐘，然後降溫至160°C繼續烤約10分鐘。

Strudelteig

酥皮卷麵團

(薄麵團)

基本配方

低筋麵粉……200g
高筋麵粉……50g
雞蛋……1/2顆
溫水……125cc
沙拉油……2大匙
鹽……少許

製作方法

1. 混合粉類，過篩放入碗中，中央挖出凹槽，加入其他材料充分揉搓成團。
2. 當麵團變得光滑時，整理成團，表面塗抹足量沙拉油(分量外)避免乾燥，靜置1小時以上(此時也可冷凍保存)。

Kartoffelteig

馬鈴薯麵團

(含馬鈴薯的麵團)

基本配方

馬鈴薯……250g
低筋麵粉……100g
硬粒小麥粉(Semolina)……25g
奶油……25g
蛋黃……1顆
鹽……少許

製作方法

1. 將水煮沸後煮熟馬鈴薯，去皮搗成泥。
2. 在搗碎的馬鈴薯中加入低筋麵粉、硬粒小麥粉、奶油、蛋黃、鹽，充分揉合。
3. 取出一小部分麵團，放入煮沸的鹽水中，試煮一下。如果麵團太軟會融化，這種情況下應該增加低筋麵粉。相反，如果太硬，煮的時候會裂開。這時可以添加奶油使麵團變得更鬆軟。

Biskotten

手指餅乾

(Biscuit à la cuillère)

基本配方(約30條，每條長約3~5cm)

雞蛋……2顆(分開蛋黃和蛋白)
砂糖……60g
低筋麵粉……50g
香草油……適量

製作方法

1. 在碗中放入蛋白，打發成8分發泡沫狀後，逐漸加入一半的砂糖，打造出堅挺的蛋白霜。
2. 在另一個碗中放入蛋黃和剩下的砂糖，打發至顏色變淺且稍微變濃稠。
3. 將蛋白霜加入蛋黃鍋中，迅速攪拌均勻，篩入低筋麵粉輕輕拌勻。
4. 把麵糊裝入放有直徑約1~1.2cm花嘴的擠花袋中，在烤盤上擠出長條形。輕輕篩上糖粉，放入預熱至160°C的烤箱中烤約10分鐘。
   ※手指餅乾應在160°C的烤箱中烤約10分鐘，然後降溫至150°C，再烤5~10分鐘。

基本麵團製作方法❷

Hefeteig
酵母麵團
（Yeast dough）

基本配方

低筋麵粉……200g
高筋麵粉……50g
牛奶……125cc
酵母……5g
砂糖……25g
融化奶油……50g
雞蛋……1/2顆
鹽……2g
檸檬皮（磨碎）……1顆

製作方法

1 將低筋麵粉和高筋麵粉混合過篩備用。
2 把牛奶30cc稍微加熱至人體肌膚溫度，溶解酵母和少量砂糖。加入30g的1，混合成團，做成中種。
3 放在溫暖的地方進行發酵。撒上一些低筋麵粉（分量外），待中種出現裂縫和一些氣泡，表示發酵完成（中種法）。
4 將剩餘的牛奶、砂糖、1剩餘的麵粉、融化奶油、蛋、鹽、檸檬皮碎，還有3一起混合，搓揉至麵團不黏手。
5 發酵30~40分鐘後依所需食譜進行整形，再進行最後發酵，然後烘烤。

Plunderteig
丹麥麵團
（Danish dough）

基本配方

酵母麵團……250g
奶油……100g
高筋麵粉……20g

製作方法

1 把室溫下軟化的奶油和高筋麵粉混合，整形成15cm的正方形，放入冰箱冷藏至硬化。
2 將酵母麵團擀成能包裹15cm的奶油的大小，將1放在中央包裹。
3 把2擀成兩倍大，進行三折疊，冷藏1小時。再次擀開，進行四折疊，靜置休息後即可使用。

Blätterteig
快速塔皮
（Quick pie dough）

基本配方

高筋麵粉……100g
低筋麵粉……150g
奶油…… 225g
冷水……150～170cc
鹽……少許

製作方法

1 在工作檯上過篩麵粉，將冷藏的奶油放在上面，用刮板將奶油切成約2cm大小的丁。
2 在中央挖出凹槽，注入冷水和鹽，從內逐漸向外將麵粉和奶油丁混合。
不要讓奶油融化，將材料收攏成團，進行三折疊2次，放入冰箱休息30分鐘以上。
3 重複上述步驟進行3次（總共折疊6次）。

Mürbeteig

塔皮麵團（在維也納也稱為Mürbteig）

（Biscuit dough）

按砂糖1：奶油2：麵粉3作的比例製作、Pâte sucrée（甜酥麵團）

基本配方

奶油……100g
砂糖……50g
蛋黃……1顆
低筋麵粉……150g

製作方法

1 把奶油打成軟膏狀，加入砂糖，混合均勻。
2 在1中加入蛋黃攪拌，篩入低筋麵粉混合。整合成團，用保鮮膜包裹，冷藏休息30分鐘以上。

Savarin

薩瓦蘭麵團

基本配方（可做10個7cm薩瓦蘭）

牛奶……25cc
乾酵母……5g
高筋麵粉……125g
雞蛋……2顆
鹽……1小撮
奶油……50g
砂糖……15g

製作方法

1 把牛奶加熱至約30℃，加入少量的砂糖（分量外）和乾酵母，用手指攪拌均勻，靜置約10分鐘進行發酵。
2 在碗中篩入高筋麵粉，中央挖出凹槽，加入1的混合物和雞蛋，充分攪拌。加入鹽，用手揉搓。
3 當麵團不再黏手時，將其整合成團，放入事先塗抹薄薄奶油（分量外）的碗中。將配方中的奶油撕成小塊放在麵團上，蓋上保鮮膜，放在溫暖處進行發酵，直到麵團膨脹成兩倍大。
4 當麵團膨脹兩倍大後，加入砂糖，將放在上面的奶油一起揉搓均勻。
5 把4的麵團放入塗抹軟化奶油（分量外）的薩瓦蘭模型中，約1/3高，蓋上濕布，在溫暖處進行最後發酵。
6 當麵團膨脹至模具的8分滿時，放入預熱至190℃的烤箱中烘烤10~20分鐘。如果中途表面已上色，請降溫至170℃，直到熟透。從模具中取出，冷卻至室溫。

關於奶油餡、醬汁和蛋白霜
Crème, sauce, meringue

維也納的糕點製作通常包括將海綿蛋糕橫剖，夾上奶油餡或果醬等，還有在表面塗抹鮮奶油或搭配奶油霜、醬汁等，在製作中扮演了重要的角色。

鮮奶油香緹Sahnecreme

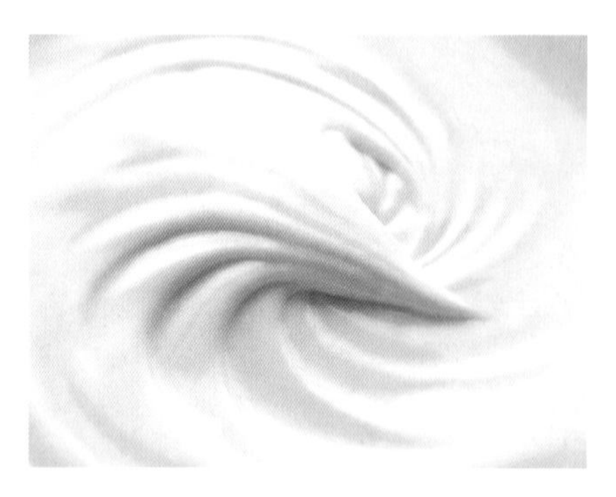

將砂糖加入鮮奶油中打發而成。英語稱為「Whipped Cream」，法語稱為「Crème Chantilly」。這是最常用的奶油醬之一。市售的鮮奶油脂肪含量有35%、42%、45%、47%等，但在表面裝飾時，使用脂肪含量45%以上的鮮奶油更容易操作。製作冰淇淋時，脂肪含量在45%以下也可以接受，砂糖的量可以進行調整。雖然簡單，但你可以添加香草油進行調味，或者添加利口酒、咖啡或可可、水果、堅果等增添變化，有時候也會加入明膠。

材料（基本份量／約200g）
鮮奶油……200cc
砂糖……20~25g

製作方法

1 準備2個大小適中的碗，將一個大碗裝滿冰水，將另一個小碗中放入充分冷卻的鮮奶油。將小碗的底部靠近冰水，使用打蛋器打發鮮奶油直到變得濃稠。
2 加入砂糖，繼續打發，使整個鮮奶油充滿空氣。

※如果碗或打蛋器上蘸有水或油，鮮奶油可能分離，無法成功打發。請確保使用乾淨的工具。

〈打發的判斷〉
6分發……用打蛋器舀取時呈現稠稠流動的狀態，適用於製作巴巴露亞等。
7分發……用打蛋器舀取時呈現濃郁且緩慢落下的狀態，適用於塗抹或夾入海綿蛋糕等。
8分發……進一步打發，舀取時呈現厚實的狀態，適用於裝飾擠花。
9～10分發……呈現角度分明的堅挺狀態，適用於裝飾。

咖啡鮮奶油 （→P40）

材料（適量／約200g）
鮮奶油……200cc
砂糖……1小匙
即溶咖啡（粉末）……2大匙
咖啡利口酒……少量

製作方法

1 將鮮奶油和砂糖放入碗中，在底部墊放冰水，用打蛋器打至8分發。
2 用咖啡利口酒將即溶咖啡溶解，加入1中。繼續充分打發。

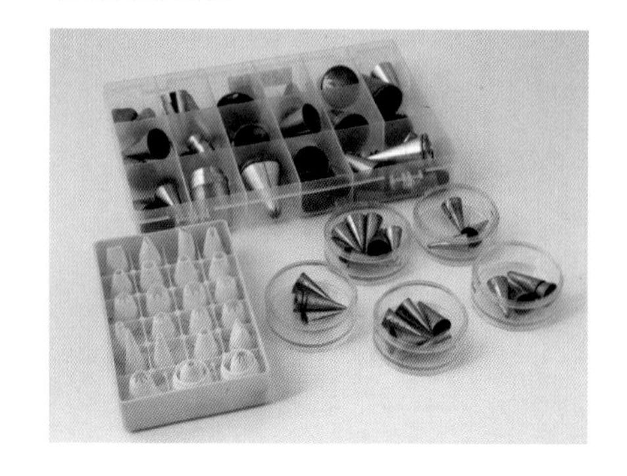

巧克力奶油霜（→P15）

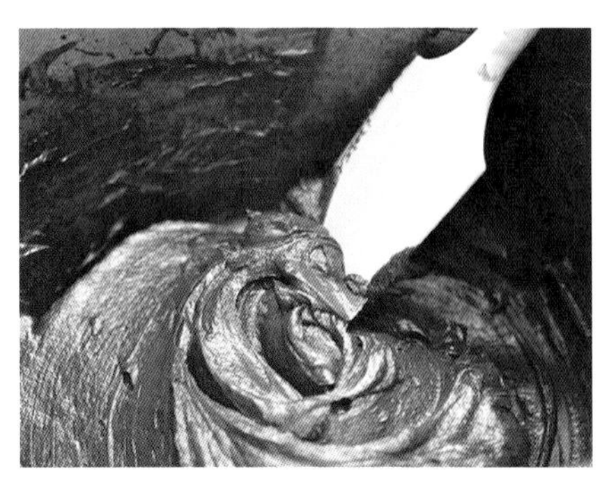

材料（基本份量／約200g）
甜巧克力……80g
奶油……130g
砂糖……20g
雞蛋……1顆
蘭姆酒……1大匙

製作方法

1. 用隔水加熱法融化巧克力。
2. 在碗中放入室溫軟化的奶油，加入砂糖，攪拌至顏色變淺。
3. 將雞蛋打散加入2中，慢慢混合成光滑的軟膏狀。
4. 當1的巧克力冷卻後，分次加入3中混合均勻。
5. 加入蘭姆酒。

焦糖

材料（容易製作的分量）
砂糖……100g
水……50cc
奶油……20g

製作方法

1. 將砂糖和水放入小鍋中，用中火慢慢加熱。
2. 等到呈現褐色後，離火，同時在鍋底浸泡冰水的狀態下，加入奶油拌勻。

核桃卡士達鮮奶油（→P19）

材料（容易製作的分量／500g）
A
- 牛奶……250cc
- 砂糖……50g
- 蛋黃……1顆
- 玉米澱粉……20g
- 香草莢……1/2支

鮮奶油……125cc
核桃粉……50g
蘭姆酒……2小匙

製作方法

1. 在碗中放入A的材料，用打蛋器充分攪拌。
2. 轉移到鍋中，用小火加熱，不斷攪拌，直到變成濃稠的乳霜狀。
3. 在鍋底墊放冰水冷卻。加入打成8分發的鮮奶油、核桃粉和蘭姆酒，充分攪拌均勻。

卡士達

材料（容易製作的分量／約250g）
牛奶……200cc
香草莢……1/2支
砂糖……40g
低筋麵粉……1/2大匙
蛋黃……2顆

製作方法

1 在牛奶中加入香草莢和刮出的香草籽，煮沸。
2 在碗中放入砂糖和低筋麵粉，逐漸加入1的牛奶並攪拌，最後加入蛋黃充分攪拌。
3 轉移到鍋中，用小火加熱，不斷攪拌，直到變成濃稠狀。

水果醬

材料（容易製作的分量／約120g）
櫻桃、莓果等水果（罐頭、冷凍）……100g
砂糖……1大匙
玉米澱粉……2小匙
檸檬汁……少許
櫻桃白蘭地酒……1大匙

製作方法

1 在小鍋中放入水果、砂糖（如使用罐頭，加入50cc罐頭內的汁），加熱。
2 加入少量水稀釋的玉米澱粉，攪拌至濃稠。加入檸檬汁、櫻桃白蘭地，攪拌後熄火。
※若使用新鮮水果，將果實切半，撒上糖，靜置片刻，讓水分釋出後再加熱。

翻糖Fondant

（重新結晶的糖漿）
翻糖是將糖加熱冷卻，然後強力攪拌，重新結晶成白色軟膏狀，用於裝飾。與糖霜的區別在於，糖霜是將砂糖添加到已打發的蛋白中，再用色素上色。翻糖由於需要加熱製作，因此有光澤感。由於製作繁瑣，本書使用市售的產品。

材料（容易製作的分量／約160g）
砂糖……150g
水飴……5g
水……少量（淹沒糖即可）
櫻桃白蘭地……少量

製作方法

1 將材料放入小鍋中，用中火加熱至114℃。
2 倒入耐熱的工作檯上，冷卻至約40～50℃（冷卻很迅速，請注意）。
3 用木刮板強力攪拌整體。當變得沉重、呈現白色時，表示重新結晶已經開始。
4 變硬後，用手充分揉搓，整形。
5 在小鍋中放入4和少量水、櫻桃白蘭地，同時攪拌，用微火加熱至人體肌膚溫度（過熱會變回液狀，請注意）。在微溫的時候塗抹在糕點表面。

蛋白霜

蛋白霜是將蛋白打發並充分打入空氣，直至形成堅挺的泡沫為止。在維也納糕點中，蛋白霜是不可或缺的存在，用於製作奶油霜使口感更加柔順，或者混入麵糊中使用，甚至直接烘烤後用於裝飾。

材料（基本的蛋白霜）
蛋白……4顆
砂糖……250g
※1顆蛋白對應約60g的砂糖為基準。
※新鮮的蛋白有助於形成堅挺的泡沫。

製作方法

1 在乾淨的碗中放入蛋白，用打蛋器充分的打發。
2 當達到泡沫狀時，分3次加入砂糖，繼續打發直至形成堅挺的泡沫。
※像鮮奶油一樣，碗或打蛋器如果帶有水分或油分，將無法打發成泡沫，請注意。

蛋白霜的3種製作方法

法式蛋白霜

這是基本的蛋白霜，加入砂糖打發蛋白。烘烤後呈現輕盈脆弱的狀態，具有良好的口感。常用於搭配奶油霜、製作冰涼糕點或冰淇淋的基底。

瑞士蛋白霜

在蛋白中加入砂糖，隔熱水加熱打發。泡沫細膩且穩定，烘烤後變得堅硬、不容易崩解，口感脆而有咬勁。常用於製作蛋糕底座，或添加顏色用於製作裝飾物，如人形等。

義式蛋白霜

在充分打發的蛋白中加入加熱至約120℃的糖漿，再次打發而成。由於氣泡充足，保存性較高。除了用於輕盈的慕斯等，還可用於塗抹點心表面，或烘烤時形成焦糖外皮等場合。

奧地利的節日和活動

包括復活節在內，基督教相關的節日會有一些根據年份而變動的浮動假期。此外，除了全國性的節日外，各州還有自己指定的節日。在節日期間，商店不僅會關門，還有博物館、美術館等可能會休息或縮短營業時間。

全國通用的節日

日期	節日
1月1日	新年 / Neujahr
1月6日	主顯節（三賢士節）/ Heilige Drei Könige
3月底～4月底	聖周五 / Karfreitag 復活節前的星期五。紀念耶穌基督的受難和死亡。雖然不是法定假日，但商店等可能會放假或縮短營業時間。
	復活節（主復活日）/ Oster 紀念耶穌基督復活的節日，是基督教中最重要的日子。由於是春分之後第一個滿月的星期日，因此日期每年都會有所變化。
	復活節星期一 / Ostermontag 復活節的隔日星期一被視為復活節星期一，屬於節日。
5月1日	勞動節 / Staatsfeiertag
5月～6月左右的浮動假期	基督升天節 / Christi Himmelfahrt 復活節後第六個星期天後的星期四。慶祝耶穌升天的日子。
	聖靈降臨節 / Pfingsten 在復活節後的第七個星期天，也被稱為五旬節，慶祝聖靈降臨在信徒身上的日子。翌日星期一（Pfingstmontag）是全國性的節日。
	聖體節 / Fronleichnam 慶祝聖靈降臨節後的第12天，星期四的聖體節。
8月15日	聖母升天節 / Mariä Himmelfahrt 紀念聖母瑪利亞升天的節日。
10月26日	國慶日 / Nationalfeiertag
11月1日	諸聖人節（萬聖節）/ Allerheiligen 基督教紀念所有聖徒和亡者的節日。
12月8日	聖母無染原罪瞻禮 / Mariä Empfängnis 在天主教中，聖母瑪利亞出生在她母親安娜的子宮裡。紀念聖母瑪利亞聖母無原罪受孕日的一天。（聖母無原罪懷胎）。
12月24日	聖誕夜 / Heiliger Abend 雖非法定假日，但商店等有可能休息或縮短營業時間。
12月25日	聖誕節 / Weihnachten
12月26日	聖斯德望日 / Stefanitag 紀念基督教的首位殉道者聖斯德望的節日。
12月31日	除夕 / Silvester 雖非法定假日，但商店等有可能休息或縮短營業時間。

各州的節日

日期	節日
3月19日	聖約瑟夫節 / Josefstag 紀念聖母瑪利亞的丈夫，也是耶穌的養父聖約瑟夫的日子。
	克恩頓州、施泰爾馬克州、提洛州、福爾阿爾貝格州
5月4日	聖弗洛里安節 / Florianitag 紀念上奧地利州的主保聖人，聖弗洛里安的日子。
	上奧地利州（如林茨等）
9月24日	聖魯班節 / Rupertikirtag 紀念七世紀末，建立聖彼得修道院和諾姆貝格女修道院的聖魯班。
	薩爾茨堡州
10月10日	全民公投紀念日 / Tag der Volksabstimmung 紀念奧匈帝國的解體，以及克恩頓州舉行屬地歸屬公投的日子。
	克恩頓州
11月11日	聖瑪爾定節 / Martinstag 紀念歐洲第一位聖人，圖爾的聖瑪爾定，同時也是豐收節。
	布爾根蘭特州
11月15日	聖利奧波德節 / Leopoldi-Tag 紀念奧地利邊境伯爵－利奧波德三世（1073～1136），他為維也納等主要城市的發展做出貢獻的日子。
	維也納、下奧地利州

INDEX
索引

糕點名稱索引

依使用麵糊(麵團)索引

Leichte Sandmasse(輕盈海綿蛋糕)

Gleichschwermasse(重糖油海綿蛋糕)

Mürbeteig(塔皮麵團)

Plätzchen(餅乾麵團)

Kuchen krümel(蛋糕碎)

布丁

Strudelteig(薄酥皮)

舒芙蕾

Knödel 麵球（丸子）

煎餅

Parachinken（Crêpe 薄煎餅）

omelette kuchen（蛋糕卷）

泡芙

其他

Hefeteig（酵母麵團）

Plunderteig（丹麥麵團）

Blätterteig（快速塔皮）

其他酵母麵團

〈其他〉

蛋白餅

油炸點心

冰涼糕點

Bibliography
参考文献

『アイスクリームの歴史物語』ローラ・ワイス、竹田円訳 原書房
『いま新しい伝統の味ウィーン菓子 生地とクリームのおいしさ再発見』野澤孝彦（旭屋出版）
『ウィーン菓子スペシャリテ』川北末一、横山牧子（文化出版局）
『ウィーンのカフェ』平田達治（大修館書店）
『ウィーンのカフェハウス』田部井朋見（東京書籍）
『ウィーンの優雅なカフェ＆お菓子　ヨーロッパ伝統菓子の源流』池田愛美、池田匡克（世界文化社）
『ウィーン魅惑のカフェめぐり』Aya Tsuyuki、Spitravel（実業之日本社）
『オール・アバウト・コーヒー』ウィリアム・H・ユーカーズ、山内 秀文訳 阪急コミュニケーションズ
『お菓子の歴史』マグロンヌ・トゥーサン＝サマ、吉田春美訳（河出書房新社）
『おかしなお菓子』今田美奈子（角川文庫）
『カラー図鑑果物の秘密』 ジル・デイヴィーズ、板倉弘重、八木恭子訳（西村書店）
『貴婦人が愛したお菓子』今田美奈子（角川書店）
『宮廷楽長サリエーリのお菓子な食卓』遠藤雅司（春秋社）
『ケーキの歴史物語』ニコラ・ハンブル、堤理華訳（原書房）
『現代洋菓子全書』辻静雄監修、小野村正敏訳（三洋出版貿易株式会社）
『コーヒーの真実』アントニー・ワイルド、三角和代訳（白揚社）
『シェフ・シリーズ11号　新宿 中村屋 グロリエッテ・シェフ横溝春雄 ウィーン菓子』 中央公論社
『図説ウィーン世紀末散歩』南川三治郎（河出書房新社）
『図説ウィーンの歴史』増谷英樹（河出書房新社）
『図説オーストリアの歴史』増谷英樹、古田善文（河出書房新社）
『図説デザートの歴史』ジェリ・クィンジオ、富原まさ江訳（原書房）
『世界の料理 16 オーストリア／ハンガリー料理』ジョセフ・ウェクスバーグ、江上トミ監修（タイムライフブックス）
『ドイツ菓子・ウィーン菓子』長森昭雄（学研プラス）
『ドイツ菓子図鑑』森本智子（誠文堂新光社）
『ドイツパン大全』森本智子（誠文堂新光社）
『ドーナツの歴史物語』ヘザー・デランシー・ハンウィック、伊藤綺訳（原書房）
『ナッツの歴史』ケン・アルバーラ、田口未和訳（原書房）
『ハプスブルク家のお菓子』関田淳子（新人物往来社）
『ハプスブルク家の食卓』関田淳子（集英社）
『パンケーキの歴史物語』ケン・アルバーラ、関根光宏訳（原書房）
『万国お菓子物語』吉田菊次郎（講談社）
『ビスケットとクッキーの歴史物語』アナスタシア・エドワーズ、片桐恵理子訳（原書房）
『フランス菓子図鑑』大森 由紀子（世界文化社）
『フランス伝統菓子図鑑』山本ゆりこ（誠文堂新光社）
『洋菓子完全イラスト』大阪あべの辻製菓専門学校（同朋舎メディアプラン）
『ヨーロッパ祝祭日の謎を解く』アンソニー・F.アヴェニ、勝貴子訳（創元社）
『ヨーロッパのカフェ文化』クラウス・ティーレ＝ドールマン、平田達治、友田和秀訳（大修館書店）
『歴史をつくった洋菓子たち』長尾健二（築地書館）
「月刊誌 世界の菓子 PCG」全日本洋菓子工業会
「オーストリア王宮・銀器博物館の至宝」 東京富士美術館
「ハプスブルク展　600年にわたる帝国コレクションの歴史」国立西洋美術館

Jan Karon, *A Continual Feast*, G.P. Putnam's Sons
Bernard Clayton, *Bernard Clayton's New Complete Book of Breads*, Simon & Schuster
Hans Röckenwagner, *Das Cookbook*, Turner Publishing Company
Josef Zauner, *Das große k. u. k. Mehlspeisenbuch*, Servus
Franz Schmeißl, *Das große österreichische Backbuch*, Edition Loewenzahn
Susanne Schaber, *Einspänner, Mokka und Melange*, Insel Verlag GmbH
Grayville cook book, The Ladies of the M. E. Church
Christopher Wurmdobler, *Kaffeehäuser in Wien*, Falter Verlag
Georg Christian Lack, *Kulinarik und Kultur Speisen als kulturelle Codes in Zentraleuropa*, Moritz Csáky, Böhlau
Thomas Stiegler, *Kulturgeschichten der Wierner Küche*, Der Leiermann
Dietmar Fercher, Andrea Karrer, *Süsse Klassiker*, Residenz Verlag
Michael Krondl, *Sweet Invention: A History of Dessert*, Chicago Review Press
Timothy G. Roufs, Kathleen Smyth Roufs, *Sweet Treats around the World*, Abc-Clio Inc
Maria Wiesmüller, *Österreichische Mehlspeisen*, Kompass Karten

Darra Goldstein, *The Oxford Companion to Sugar and Sweets*, Oxford University Press
Adelheid Beyreder, *Wiener Mehlspeisen*, Gräfe und Unzer

オーストリア政府観光局 https://www.austria.info/jp
グムンドナー・ケラミック https://www.schuco.co.jp/
ジェトロ https://www.jetro.go.jp/world/europe/at
ヘレンド https://herend.jp
ル・ノーブル https://www.le-noble.com
日本オーストリア食文化協会 http://wien1020.web.fc2.com
日墺文化協会 https://sub-austria.ssl-lolipop.jp
"ウィーン小景" 寺邑昭信 https://core.ac.uk/download/pdf/144571873.pdf
"デンマークでは「デニッシュ」とは呼ばれない、このパン" GLOBE+ https://globe.asahi.com/article/12192719
"バウムクーヘンの比較文化史的考察：15世紀のドイ ツから現代までのレシピの解読を中心に" 三浦裕子 https://catalog.lib.kyushu-u.ac.jp/opac_download_md/4474914/scs0295.pdf
"マリー・アントワネットの食したスイーツを再現せよ！" 山之内克子 https://courrier.jp/columns/80637/

Bundesministerium für Land- und Forstwirtschaft, Regionen und Wasserwirtschaft https://info.bml.gv.at
GuteKueche.at https://www.gutekueche.at
OBERLAA Konditorei https://www.oberlaa-wien.at/
Österreichisches Lebensmittelbuch https://www.lebensmittelbuch.at
Österreichs Mehlspeiskultur https://www.mehlspeiskultur.at
Patrimoine culinaire Suisse https://www.patrimoineculinaire.ch
Taste Hungary https://tastehungary.com
Vienna Tourist Board https://www.wien.info/en
Visiting Vienna https://www.visitingvienna.com
Vorarlberg Tourismus https://www.vorarlberg.travel/
Wien Museum https://sammlung.wienmuseum.at
Wiener Porzellanmanufaktur Augarten https://www.augarten.com/
"*Berliner, Krapfen & Co. – Wissenswertes rund um das süße Gebäck*" RAUSCH Verpackung GmbH https://www.rausch-packaging.com/blog/de/inspiration-trend/gestatten-caecilia-krapf/
"*CENTRAL BURGENLAND CHESTNUTS AND WALNUTS CULINARY REGION*" Burgenland Tourismus https://www.burgenland.info/en/dc/detail/StructuredArticle/central-burgenland-chestnuts-and-walnuts-culinary-region-genussregion-mittelburgenlandische-kaesten-und-nuss
"*ECHTE POWIDL MARMELADE*" SalzburgerLand https://www.salzburgerland.com/de/magazin/echte-powidl-marmelade-selbst-gemacht/?noredir
"*Explore The Delicious History of Ice Cream*" PBS https://www.pbs.org/food/the-history-kitchen/explore-the-delicious-history-of-ice-cream/
"*Historisches Lexikon Wien*" Czeike, Felix https://www.digital.wienbibliothek.at/wbrobv/content/pageview/1115833
"*Indianerkrapfen*" Wien Geschichte Wiki https://www.geschichtewiki.wien.gv.at/Indianerkrapfen
"*Kaiser oder Kaser?*" Christoph Wagner https://www.ichkoche.at/kaiser-oder-kaser-artikel-334
"*Maroni*" METRO https://www.metro.at/produktwelten/obst-und-gemuese/maroni
"*Pfannkuchen/Palatschinken/Clătite*" Radio Rumänien International https://www.rri.ro/de_de/pfannkuchenpalatschinkenclatite-2637818
"*Spanische Windtorte*" BBC Food https://www.bbc.co.uk/food/recipes/spanische_windtorte_64745
"*The Evolution of Ice Cream*" International Dairy Foods Association https://www.idfa.org/the-history-of-ice-cream
"*The History of ice Cream*" London Canal Museum https://www.canalmuseum.org.uk/ice/icecream.htm
"*THE SOUFFLÉ: A HISTORY*" Magazine Cincinnati https://www.cincinnatimagazine.com/best-restaurants-archive/Soufflé-through-the-ages/
"*What on earth is a Spanische Windtorte?*" The Telegraph https://www.telegraph.co.uk/foodanddrink/11823012/Great-British-Bake-Off-what-on-earth-is-a-Spanische-Windtorte.html

系列名稱／EASY COOK
書名／維也納糕點百科圖鑑
作者／小菅陽子
出版者／大境文化事業有限公司
發行人／趙天德
總編輯／車東蔚
文 編・校 對／編輯部
美編／R.C. Work Shop
German Proofreading／Thomas Huber（德文審訂）
地址／台北市雨聲街77號1樓
TEL／（02）2838-7996
FAX／（02）2836-0028
初版日期／2024年3月
定價／新台幣490元
ISBN／9786269650880
書號／E134
讀者專線／（02）2836-0069
www.ecook.com.tw
E-mail／service@ecook.com.tw
劃撥帳號／19260956大境文化事業有限公司

國家圖書館出版品預行編目資料
維也納糕點百科圖鑑
小菅陽子 著：--初版.--臺北市
大境文化，2024［113］ 224面；
17×23.5公分.
（EASY COOK：E134）
ISBN / 9786269650880
1.CST：點心食譜
2.CST：奧地利維也納
427.16　　113000831

STAFF
糕點製作助理／絹川文子、渡辺佳子
攝影／菅原史子
設計／望月明秀、片桐凜子、境田真奈美、林真理奈、吉田美咲、村井秀（ニルソンデザイン事務所）
造型／諸橋昌子
編輯／岸田麻矢、菅野和子

請連結至以下表單填寫讀者回函，將不定期的收到優惠通知。